加油站 HSE 培训
矩阵编制与应用手册

中国石油天然气集团有限公司质量安全环保部　编

石油工业出版社

内 容 提 要

中国石油天然气集团有限公司质量安全环保部在 HSE 培训工作中引入了 HSE 培训矩阵这一工具。为了给基层管理人员和岗位操作人员在编制矩阵、开发课件、实施培训等关键环节提供可借鉴的方法技巧和实际内容，集团公司质量安全环保部组织编写了本书，希望通过本书的学习，培训者在实施培训过程中有据可依，能按照培训对象的实际需求开展针对性的培训；受培训者通过学习本书，可以了解自己的薄弱之处，也能通过课件自我学习。本书适合加油站人员学习使用。

图书在版编目(CIP)数据

加油站 HSE 培训矩阵编制与应用手册/中国石油天然气集团有限公司质量安全环保部编 . —北京：石油工业出版社，2018.6

ISBN 978-7-5183-2582-5

Ⅰ.①加… Ⅱ.①中… Ⅲ.加油站－安全管理－手册 Ⅳ.U491.8-62

中国版本图书馆 CIP 数据核字(2018)第 093313 号

出版发行：石油工业出版社
（北京安定门外安华里 2 区 1 号楼 100011）
网　　址：www.petropub.com
编辑部：(010)64523550　图书营销中心：(010)64523633
经　销：全国新华书店
印　刷：北京晨旭印刷厂

2018 年 6 月第 1 版　2018 年 6 月第 1 次印刷
787×1092 毫米　开本：1/16　印张：7.25
字数：180 千字

定价：29.00 元
（如发现印装质量问题，我社图书营销中心负责调换）
版权所有，翻印必究

《基层岗位 HSE 培训矩阵编制与应用手册》
编 委 会

主　任：张凤山
副主任：吴苏江　邹　敏　黄　飞　周爱国
委　员：赵邦六　周　敏　张　宏　吴世勤　李国顺
　　　　杨时榜　钟裕敏　朱水桥　乐　宏　尹　旭
　　　　赵　津　王　强　杜庆华　刘启然　魏东吼
　　　　王治平　汪国庆　汪桃义　赵红超

本书编写组

主　编：杜庆华
副主编：孙永忠　何建华
编写人：刘　静　赵　刚　李　利　黄　志　毛堂荣
　　　　吕霄汉　石小雷　范锐敏　林　莉

前 言

安全环保是中国石油天然气集团有限公司(以下简称集团公司)三大基础性工程之一,而HSE培训是提高全员安全环保意识和能力的有效手段,是抓好安全环保工作的重要前提和保障。近年来,集团公司在建设和持续推进HSE管理体系过程中,高度重视HSE培训工作,先后发布了《HSE培训管理办法》(人事〔2009〕35号)、Q/SY 1234—2009《HSE培训管理规范》和Q/SY 1519—2012《基层岗位HSE培训矩阵编写指南》,在HSE培训工作中引入了培训矩阵这一先进有效的工具方法,并通过在部分企业试点推进,积累了一定经验,取得了较好效果,为各企业加强HSE培训,提高全员综合素质,促进HSE管理体系有效运行发挥了引领性和指导性作用,但在部分企业和人员中,还存在着对培训矩阵理解有偏差、认识不到位、应用不充分等突出问题,影响了矩阵应用的质量和效果。

随着国家法律法规对安全环保培训要求的逐步提高,为进一步规范基层HSE培训矩阵编制与应用,增强其专业性和操作性,切实为基层管理人员和岗位操作人员在编制矩阵、开发课件、实施培训等环节上提供可借鉴的方法技巧和实际内容,集团公司依据Q/SY 1519—2012《基层岗位HSE培训矩阵编写指南》,分专业组织编写了《基层岗位HSE培训矩阵编制与应用手册》系列丛书,旨在不断促进提升基层岗位员工HSE意识和能力,进一步深化落实集团公司HSE制度和标准。

本书是《基层岗位HSE培训矩阵编制与应用手册》系列丛书之一,由四川销售分公司结合四川销售加油站管理和生产工艺特点编写而成,其他销售企业可参考借鉴。集团公司安全环保技术研究院等有关企业参加了本书的审定工作。在编写过程中采纳了加油站管理方面专业技术人员和有经验的基层员工的意见,文字言简意赅、通俗易懂,并尽可能采用图片、表格和示例等形式,突出简洁、直观、实用,可作为基层HSE培训工作的工具书和参考书。由于编者水平有限,难免存在一些不足,敬请广大读者提出宝贵意见和建议。

编者

2018年5月

目 录
CONTENTS

第一章　概述 ·· (1)
　　第一节　HSE 培训矩阵背景和发展历程 ·· (1)
　　第二节　HSE 培训矩阵基本结构及内容 ·· (2)
　　第三节　HSE 培训矩阵深化应用的基本要求 ·· (4)
第二章　加油站岗位 HSE 培训矩阵编制 ·· (6)
　　第一节　编制基本要求 ··· (6)
　　第二节　岗位培训需求调查 ··· (8)
　　第三节　划分管理单元 ··· (11)
　　第四节　梳理操作项目 ··· (13)
　　第五节　开展危害分析 ··· (15)
　　第六节　确定培训内容 ··· (19)
　　第七节　设定培训要求 ··· (25)
　　第八节　形成培训矩阵 ··· (31)
第三章　培训课件编制 ·· (35)
　　第一节　编制基本要求 ··· (35)
　　第二节　通用安全知识类课件编制 ·· (41)
　　第三节　岗位基本操作技能课件编制 ··· (47)
　　第四节　生产受控管理流程课件编制 ··· (61)
　　第五节　HSE 理念、方法与工具类课件编制 ·· (68)
第四章　HSE 培训矩阵应用 ··· (79)
　　第一节　员工能力评估 ··· (79)
　　第二节　编制培训计划 ··· (85)
　　第三节　培训组织实施 ··· (87)
　　第四节　培训效果评价 ··· (88)
　　第五节　培训信息管理 ··· (90)
　　第六节　矩阵应用保障 ··· (90)

附录1 加油站基层岗位(经理岗)HSE培训矩阵 …………………………… (92)
附录2 加油站基层岗位(主管岗)HSE培训矩阵 …………………………… (96)
附录3 加油站基层岗位(营业员岗)HSE培训矩阵 ………………………… (99)
附录4 加油站基层岗位(加油员岗)HSE培训矩阵 ………………………… (102)
附录5 加油站基层岗位HSE培训矩阵 ……………………………………… (104)

第一章 概 述

以 HSE 培训矩阵为载体建立的需求型 HSE 培训模式是立足岗位需求、突出风险防控、落实培训直线责任，提高 HSE 培训的针对性和有效性，持续提升岗位员工安全环保意识和能力的一种创新机制，是对传统 HSE 培训工作的改进和发展。

第一节 HSE 培训矩阵背景和发展历程

一、基层 HSE 培训工作存在的问题

基层 HSE 培训是安全环保管理中较为关键的一个环节。以往在开展基层 HSE 培训时，主要由安全部门和安全管理人员组织落实，培训计划完成以满足课时要求为主，对岗位培训需求考虑不充分。采用集中课堂填鸭式教学方法，硬性、强制要求员工参加培训，培训效果不佳。基层可利用的 HSE 培训资源相对较少，考核评估过多关注结果，不注重过程考核、奖惩挂钩，问题较为突出。具体表现在以下几个方面：

（1）对基层 HSE 培训原则性要求多，内容"大而全"，没有突出岗位 HSE 风险，缺少具体操作指南；

（2）基层 HSE 培训偏重于完成课时计划，没有结合岗位和员工实际需求，针对性差；

（3）授课方式方法单一，大规模培训多，没有强调培训的"直线责任"，没有充分考虑员工个体的需要和应用；

（4）以考核代替评估，用完成培训任务衡量培训效果；

（5）基层 HSE 培训师资力量不足，培训师激励机制不健全，无法满足基层 HSE 培训实际需要。

二、HSE 培训矩阵引入及应用

2009 年 7 月 1 日，中国石油天然气集团有限公司（以下简称集团公司）发布了 Q/SY 1234—2009《HSE 培训管理规范》，对开展基层 HSE 培训提出了具体要求，引入了培训矩阵这一工具方法，着力提升 HSE 培训管理水平。

2009—2010 年，集团公司以吉林油田公司为试点，开展《油气田企业基层 HSE 培训机制研究》项目，从岗位对员工能力需求入手，开发编制基层岗位 HSE 培训矩阵，积极建立基层岗位"需求型"HSE 培训模式。

2011 年，集团公司下发了《关于进一步加强基层 HSE 培训工作的通知》（安全〔2011〕195号），对基层岗位 HSE 培训矩阵推广工作提出了具体要求；同年组织制定了 Q/SY 1519—2012《基层岗位 HSE 培训矩阵编写指南》，规范了基层岗位 HSE 培训矩阵的编写、审核、偏离、培训和沟通等管理要求，为各企业推行 HSE 培训矩阵提供了重要指导。

2012 年以来，集团公司一直强调基层需求型 HSE 培训模式的推行工作，始终关注各企业

HSE 培训矩阵推广和应用情况。

2014 年 5 月,集团公司安全环保与节能部组织召开了基层岗位 HSE 培训矩阵模板编制研讨会,对各企业明确提出深化应用 HSE 培训矩阵的要求,并组织对勘探生产、炼油化工、油品销售、天然气与管道、工程技术、工程建设和装备制造 7 个板块、12 家企业、22 个专业的 HSE 培训矩阵模板进行了统一规范编制。

通过近年来的探索与实践、试点与推广,HSE 培训矩阵已经得到了各企业的广泛认同,基层 HSE 培训工作进一步加强,为集团公司全面、深入推行 HSE 管理体系奠定了重要基础。

三、建立基层 HSE 培训矩阵的目的和意义

建立并应用基层 HSE 培训矩阵,使基层 HSE 培训直线责任得到有效落实,"分岗位、短课时、小范围、多形式"的新型培训模式得以有力推行,其目的和意义主要表现在以下几个方面:

(1)促进基层 HSE 培训管理机制不断完善。通过推行基层 HSE 培训矩阵,能够进一步理顺基层 HSE 培训责任,有效解决基层"谁来培训、培训什么、多长时间、什么方式"和想要达到"什么效果"等实际问题,较之以往在 HSE 培训管理机制上有了很大程度的改进。

(2)保证各岗位 HSE 培训要求更加明晰。分岗位把培训要求列入同一表中,直观体现每个岗位每项培训的具体要求,贴近生产、贴近岗位、贴近实际,能够增强基层 HSE 培训的针对性和操作性。

(3)推动基层现场风险管控能力持续提升。按照利于规范操作、便于风险辨识的原则,列出各个操作项目,并开展岗位员工个性化能力评估,全方位找出员工技能与岗位要求之间的差距,能够有效消除岗位风险控制盲点,同时也便于有针对性地提高员工单项操作技能。

(4)促使操作规程和培训课件进一步规范。在编制 HSE 培训矩阵过程中,划分管理单元、梳理操作项目是基础,这两个工作环节也恰恰是操作规程制修订的前提,因此通过编制 HSE 培训矩阵,自然而然地就会对操作规程、HSE 培训课件的有无及是否完善进行确认,推动基层查找操作规程的缺失,确保及时增补和完善。

(5)促进培训方式多样化、实用化。通过分岗位建立 HSE 培训矩阵,培训对象会相对固定,而且能够做到小范围培训,培训过程中就可以不拘泥于传统意义上的"讲、听、记",使互动交流、相互研讨等灵活多样的培训方式方法得到有效运用,培训效果必然事半功倍。

第二节　HSE 培训矩阵基本结构及内容

基层岗位 HSE 培训矩阵是将培训需求与有关岗位列入同一表中,由培训内容、培训课时、培训周期、培训方式、培训效果、培训师资等一系列核心要素组成,每个要素起着不同的作用,目的是明确说明和直观展现岗位需要接受的培训内容、掌握程度、培训频次等信息,一般采用二维表格形式。

一、基层岗位 HSE 培训矩阵的名称

基层岗位 HSE 培训矩阵的名称是矩阵的主题,直接体现了培训矩阵的核心内容。如,加油工岗位的 HSE 培训矩阵的名称就可以称为:加油工岗位 HSE 培训矩阵。

二、基层岗位 HSE 培训矩阵的内容

基层岗位 HSE 培训矩阵应当明确拟培训的内容、培训的课时、实施培训的周期、应当采取的培训方式、培训预期达到的目标、指定的授课人员等主要要素，这些要素也就组成了 HSE 培训矩阵的主要结构，归纳起来由培训内容、培训课时、培训周期、培训方式、培训效果、培训师资等内容组成。

三、基层岗位 HSE 培训矩阵示例

基层岗位 HSE 培训矩阵一般多采用二维表格的形式，简单、明确、易懂，见表 1-1。

表 1-1　基层岗位（××岗）HSE 培训矩阵

序号	培训内容	培训课时	培训周期	培训方式	培训效果	培训师资	备注
1	……	……	……	……	……	……	
2							

在基层岗位 HSE 培训矩阵中，横向的核心内容可以概括为培训要求，依次为"培训内容""培训课时""培训周期""培训方式""培训效果""培训师资"等，根据需要可在表格前后分别设"序号"、"备注"栏目便于标识和注释。纵向的核心要素为培训内容，概括起来可以包括通用安全知识，岗位基本操作技能，生产受控管理流程，HSE 理念、方法与工具等四个部分，在每个部分中还可以进一步细化明确具体的培训内容或项目，见表 1-2。

表 1-2　加油站主管岗位 HSE 培训矩阵

序号	培训内容	培训课时	培训周期	培训方式	培训效果	培训师资
1	**通用安全知识**					
1.1	石油安全常识	30	1 年	课堂或会议	掌握	直线领导或培训师
…	……	……	……	……	……	……
2	**岗位基本操作技能**					
2.1	地罐交接卸油操作	30	3 年	课堂+现场	掌握	直线领导或培训师
…	……	……	……	……	……	……
3	**生产受控管理流程**					
3.1	作业许可管理	30	1 年	课堂+现场	掌握	直线领导或培训师
…	……	……	……	……	……	……
4	**HSE 理念、方法与工具**					
4.1	属地管理	15	3 年	课堂或会议	了解	直线领导或培训师
…	……	……	……	……	……	……

注：培训课时单位为分钟（min）。

第三节　HSE 培训矩阵深化应用的基本要求

一、推广基层 HSE 培训矩阵过程中存在的问题

实施以 HSE 培训矩阵为载体的"需求型"HSE 培训模式之后，传统意义上的 HSE 培训带来的问题在一定层面上得到了一定程度的解决，基层 HSE 培训效果不断增强。但从近年来一些企业发生的事故事件、违规违章现象反映出，基层 HSE 培训矩阵还没有得到有效应用，"需求型"HSE 培训模式在深度和广度上还存在一定差距，主要表现在以下几个方面：

（1）对基层 HSE 培训矩阵编制与应用工作认识程度不够。一些基层领导者和培训管理人员对于矩阵编制、评审及应用责任不清，相关专业人员参与不够，前期开展培训调查分析不充分，不能有效结合生产实际实施"需求型"HSE 培训。

（2）对基层 HSE 培训矩阵编制与应用工作方法掌握不够。由于以 HSE 培训矩阵为载体实施"需求型"HSE 培训是集团公司 2008 年以来推进 HSE 管理体系建设的一项新方法、新举措，相对来说是新生事物，各层面人员对此了解掌握程度参差不齐，一些基层单位抓不住重点，采取的方式方法有欠缺，存在"照搬照抄""简单复制"等现象。

（3）对基层 HSE 培训矩阵应用的培训及要求不够。一些基层单位编制完成的 HSE 培训矩阵对管理人员和岗位操作员工培训、指导不到位，有的甚至"束之高阁"，只是为了应付检查和考核，没有发挥实际作用。

（4）培训计划、能力评估标准与基层 HSE 培训矩阵不相统一。一些基层单位没有理清 HSE 培训矩阵与培训计划、能力评估标准的关系，"矩阵是矩阵""计划是计划""评估标准是评估标准"，各搞一套、相互脱节，不仅增加了自身的工作量，而且给基层员工带来了负担。

（5）对促进基层风险防控作用发挥不够。编制的 HSE 培训矩阵与生产实际联系不紧密，对提升员工安全意识和能力、防控风险作用不大，对规范员工操作行为缺乏指导性；部分所列操作项目没有配套的操作规程和 HSE 培训课件，缺少相应支持性内容。HSE 培训矩阵开发完成后，多数基层单位都是简单地把操作规程、应急处置程序等作为培训内容，这些内容一般为文本格式，培训教师在教授时也只是"照本宣科"，员工感觉单调、乏味，培训效果不佳，使"需求型"HSE 培训模式推广落在了"最后一公里"。

只有妥善处理好这些问题和矛盾，才能使基层 HSE 培训矩阵的作用得到充分发挥，才能有效提高 HSE 培训效率和效果，从而提升员工 HSE 意识和岗位操作能力。

二、深化应用基层 HSE 培训矩阵的思路

要想解决好基层 HSE 培训新模式推广和培训矩阵应用过程中存在的问题，必须深入分析"症结"所在，抓住主要矛盾和关键环节，从实际出发采取可行性措施。

（1）进一步提高 HSE 培训矩阵应用的认识。从正面教育、引导基层管理者和专业技术人员破除因循守旧的思想，积极主动、联系实际应用好 HSE 培训矩阵这一有效的工具方法，切实解决好以往基层 HSE 培训缺乏系统性、针对性和操作性等问题，真正把基层 HSE 培训工作抓实、抓细，切实提高基层员工综合素质。同时，强化制度和标准执行力，对于不认真执行制度、不按照标准开展具体工作的应严格考核、督促落实。

(2)进一步突出风险防控在培训内容中的主导地位。在已有规章制度、操作规程和应急处置程序等培训内容的基础上,把HSE培训课件的编制开发纳入重点,使基层HSE培训有抓手、有实质。加强对基层岗位人员培训课件编制的培训辅导,不断提高基层开发培训课件(一般为PPT格式)的能力和水平,使HSE培训内容变得形象生动、灵活多样,增强员工接受HSE培训的积极性和主动性。即:根据各岗位操作项目涉及的不同危害和风险类别,细化操作规程和应急处置程序中的风险控制措施,对应矩阵所列具体项目(可一对一或多对一),编制专项培训课件,开展有针对性的培训,与现场实际实现有效对接。把人的不安全行为和物的不安全状态影像资料加入HSE培训课件当中,培训师在授课时,针对关键环节设置疑问,与员工互动研讨,让员工找风险、说案例、讲措施,真正使"矩阵、规程(应急程序等)、课件、培训师、员工"五个要素融为一体,切实强化HSE培训的直观性和实效性。

(3)进一步强化矩阵编制的规范性和指导性。分专业、分岗位开发应用基层HSE培训矩阵,为深入推广"需求型"HSE培训模式提供成形、可参考的"相对固定式模板"。在矩阵编制开发过程中,应严格遵循"贴近岗位、贴近生产和直线负责"的编制原则,依据集团公司标准,结合生产实际,针对各专业工艺、技术、操作和设备等特点,遵照岗位需求调查、划分管理单元、梳理操作项目、开展危害分析、确定培训内容、设定岗位培训要求、形成培训矩阵等步骤编制矩阵。

(4)进一步完善基层HSE培训机制,不断强化资源保障。应加强组织领导,完善规章制度,强化考核和激励,促进岗位员工自主学习和参加集中培训有机结合、相得益彰。把基层HSE培训列为重要考核内容,加油站必须100%推广,所有岗位必须100%建立矩阵,员工必须100%接受HSE培训。把HSE培训作为技能鉴定、岗位晋级的基本条件,明确培训师选聘比例、条件、方法和激励政策。对培训师授课应采取发放酬金、享受操作骨干待遇等举措;对开发课件员工应给予奖励,鼓励人人争当培训师,强化HSE培训师队伍建设,切实为基层HSE培训工作提供人力资源保障。

第二章 加油站岗位 HSE 培训矩阵编制

加油站作为石油销售企业的基层单位,主要承担着成品油销售的工作任务,负责油品接卸、储存、销售、计量及非油品销售等工作。按照销售企业岗位设置要求,加油站一般设有经理、主管、营业员和加油员四个主要岗位。主要生产设备有加油机、储油罐、发电机、配电柜、液位仪等,存在着火灾爆炸、中毒窒息、环境污染、车辆伤害、机械伤害等多种风险。结合加油站实际与专业特点,编制与应用 HSE 培训矩阵,开展岗位 HSE 培训,提升员工安全环保意识、风险管控和应急处置能力是加油站安全环保工作的重中之重。

第一节 编制基本要求

按照"一个岗位一个矩阵,一级培训一级"的要求,加油站培训矩阵编制工作应由加油站的上级单位牵头组织,成立编制小组,制定编制方案,明确职责分工、进度与方法,组织开展编制工作。

一、HSE 培训矩阵编制原则

(1)风险管控原则。在全面开展风险识别和评价的基础上,围绕安全环保意识和风险管控能力提升,在通用安全知识、生产受控管理流程和 HSE 理念、方法与工具三个框架下设置培训内容;围绕操作过程风险控制,在岗位操作技能部分设置培训项目,达到全面识别和管控生产经营活动风险的目的。

(2)全员参与原则。在加油站岗位 HSE 培训矩阵编制过程中,加油站管理、工艺设备、HSE 管理人员及岗位操作员工要全面参与,依靠管理和技术人员保证矩阵涵盖内容的准确性和完整性,依靠操作人员结合岗位特点和工作经验,提高培训内容的实用性和针对性,有利于岗位员工主动接受并自主使用。

(3)统一规范原则。为规范编制流程和有效推广应用,企业应根据自身的特点统一加油站岗位 HSE 培训矩阵的编制方法、流程和格式,以便于推广应用和矩阵的统一修订、维护。

(4)唯一有效原则。岗位职责不同,工作内容不同,上岗的基本要求也不同,因此培训内容也不尽相同。在编制培训矩阵时,要坚持分岗编制,做到一个岗位一个矩阵。

二、HSE 培训矩阵编制依据

加油站岗位 HSE 培训矩阵要立足于员工能独立上岗的基本要求,在风险充分识别的基础上,主要以法律法规和规章制度岗位职责和操作规程为编制依据。

(1)依据法律法规和规章制度。编制基层岗位 HSE 培训矩阵,应在收集、辨识法律法规、规章制度和标准规范的基础上,明确法律法规、规章制度对 HSE 培训内容、标准、方式方法的最高及个性要求,以及实施培训、接受培训的责任与义务规定,企业为满足法律法规要求制定的 HSE 方针、目标、理念及受控管理相关要求,确定对员工 HSE 培训的最基本要求。

(2)依据岗位职责。岗位职责规定了岗位员工应该"干什么",HSE 培训矩阵规定了岗位员工因为"干什么"而需要"会什么",因此编制基层岗位 HSE 培训矩阵,应紧密围绕岗位职责,充分考虑设计的项目是否为所在岗位需要进行的培训,是否为员工实际需要进行的培训,培训的深度是否与风险控制相匹配。在编制基层岗位 HSE 培训矩阵时应充分体现出专业、岗位的实际需求,做到"什么岗位培训什么内容",以确保在满足员工现场操作、经营管理风险管控要求的前提下,减轻员工培训负担。

（3）依据操作规程。操作项目培训要与操作规程保持一致,应依据加油站生产经营活动涉及的操作规程、管理制度和应急预案等作业文件,强化对操作步骤的风险分析。要围绕单独的操作项目,按照分解操作步骤、识别每个操作步骤存在的风险并进行评价,制定相应的防范消减措施和应急处置程序,确保风险识别覆盖到每一个区域、每一台设备、每一项经营管理、每一个操作环节。

（4）依据资源及要求。调查本企业、本单位培训制度、培训教材、操作规程、培训师资等培训资源以及员工培训愿望,充分利用和结合企业现有培训资源,整合相关要求,最大限度降低HSE 培训对正常生产工作的影响,作为培训矩阵编制的重要参考。

三、HSE 培训矩阵编制流程

根据 Q/SY 1519—2012《基层岗位 HSE 培训矩阵编写指南》的指导要求,加油站岗位 HSE 培训矩阵按照以下步骤进行。

（1）岗位需求调查:收集法律法规、标准规范、规章制度对培训的要求,岗位设置情况及企业对培训的要求,确定通用部分培训内容。

（2）划分管理单元:明确岗位管辖区域、设备设施、工艺流程及相关的生产经营活动。

（3）梳理操作项目:针对每个管理单元中所有操作项目进行梳理罗列。

（4）开展危害分析:分析每个操作项目中存在的风险和防控措施。

（5）确定培训内容:根据岗位职责,将每个操作项目与不同岗位相对应,并与通用部分培训内容共同形成不同岗位培训内容。

（6）设定培训要求:根据不同培训内容设定培训课时、培训周期、培训方式、培训效果和培训师资等培训要求。

（7）评审发布与维护:形成 HSE 培训矩阵并经过评审后发布执行。

基层岗位 HSE 培训矩阵编制流程如图 2-1 所示。

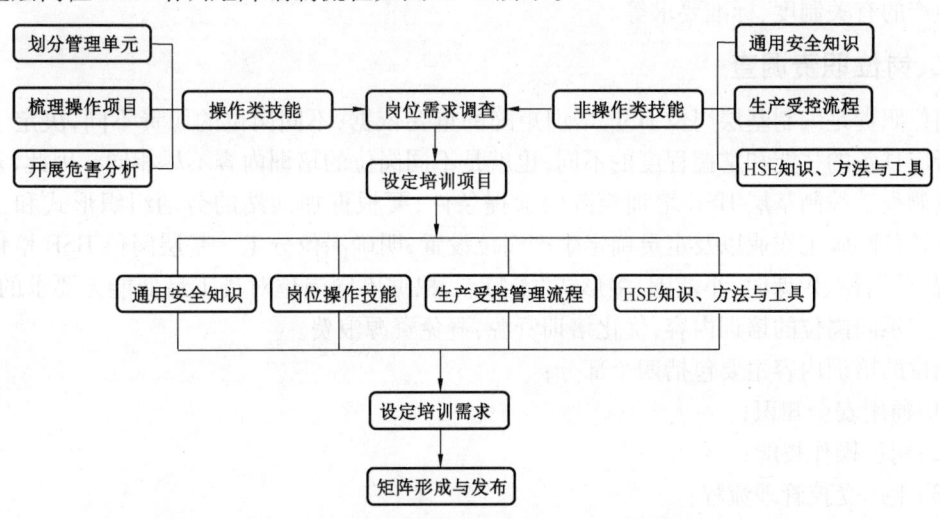

图 2-1　基层岗位 HSE 培训矩阵编制流程图

第二节　岗位培训需求调查

岗位培训需求是指为了满足特定岗位的实际工作需要而应接受的培训内容。加油站岗位 HSE 培训矩阵建立前应进行岗位需求调查，确保所建立的矩阵符合有关要求和生产工作实际，实现按需培训。

一、法律法规、标准规范、规章制度调查

符合有关法律法规和上级要求，是开展基层 HSE 培训工作的前提，也是最基本的要求。在开展基层岗位 HSE 培训需求调查中，首先要对有关涉及员工 HSE 培训的法律法规、标准规范、规章制度进行调查，然后由企业或单位企管法规部门组织实施，并将有关信息发布传递到基层单位，并确保法律法规的时效性和准确性，防止出现法律法规风险。

需要调查的法律法规、标准规范、规章制度应当包括但不限于以下方面：
（1）国家、地方政府有关安全生产、环境保护、职业病防治的法律法规。
（2）上级公司有关健康安全与环境和员工教育培训的规章制度、标准规范。
（3）本企业有关健康安全与环境和员工教育培训的规章制度、标准规范。

开展有关法律法规、标准规范、规章制度调查，应当先对涉及的 HSE 培训法律法规、规章制度进行收集，如《中华人民共和国安全生产法》《中华人民共和国职业病防治法》《中央企业安全生产监督管理暂行办法》（国资委〔2008〕21 号令），GB 50156—2012《汽车加油加气站设计与施工规范》（2014 年版），以及集团公司《安全生产管理规定》（中油质安字〔2004〕672 号）、《HSE 培训管理办法》（人事〔2009〕35 号）和本企业有关规章制度等。

如通过调查，识别出《中华人民共和国安全生产法》规定的员工"在作业过程中，应当严格遵守本单位的安全生产规章制度和操作规程，服从管理，正确佩戴和使用劳动防护用品"的要求；最高人民法院、最高人民检察院《关于办理环境污染刑事案件适用法律若干问题的解释》关于"非法排放、倾倒、处置危险废物"承担刑责的有关要求；以及企业关于加油站安全生产、清洁生产的有关制度、标准要求等。

二、岗位职责调查

岗位职责是编制基层岗位 HSE 培训矩阵的重要依据，不同岗位的职责不同，决定了不同岗位所应具备的技能和掌握程度的不同，也就是不同岗位的培训内容不尽相同。因此，开展岗位职责调查是编制基层 HSE 培训矩阵的前提条件，要根据加油站的劳动组织形式和工艺设备、经营管理、施工作业以及定员确定生产岗位设置，明确岗位分工。基层岗位 HSE 培训模式应体现"分岗位、短课时、小范围、多形式"等特点，根据不同岗位对员工最低能力要求的不同，科学设定不同岗位的培训内容，优化培训资源，避免资源浪费。

岗位的培训内容主要包括四个部分：
（1）通用安全知识；
（2）岗位操作技能；
（3）生产受控管理流程；
（4）HSE 理念、方法与工具。

根据这四部分培训内容的特点,总体可以分为操作类技能和非操作类技能,其中(1)、(3)、(4)部分主要是知识、方法、理论,在调查分析时有其相似性,定义为非操作类培训需求,第(2)部分是本岗位操作类技能。本节只讨论采用岗位职责调查分析非操作类技能培训需求的方法,操作类技能培训需求采用操作项目梳理的方法进行调查分析,将在第三、四、五节进行阐述。

以某加油站主管岗位为例,根据岗位职责,逐条分析讨论完成该职责需要在"通用安全知识""生产受控管理流程"以及"HSE理念、方法与工具"这三个方面应该掌握或了解的培训内容,形成培训需求分析表,见表2-1。

表2-1 主管岗位培训需求分析表

序号	岗位职责	通用安全知识	生产受控管理流程	HSE理念、方法与工具	备注
1	负责组织本班员工开展各项经营、管理和服务工作	掌握反违章禁令;掌握石油安全常识;掌握劳动防护用品使用;掌握工具用具管理;掌握服务与沟通技巧;掌握危害因素识别知识		了解HSE职责、权利、义务、责任;掌握属地管理	
2	负责当班安全环保管理工作。落实各项安全制度,做好当班综合巡检工作,监督现场各项安全措施的落实	掌握安全标志标识;掌握工作外安全知识;掌握安全用电常识;掌握灭火器材使用;掌握消防器材及设施安全检查与维护;掌握环境保护基本常识;掌握常见伤害、疾病急救知识;掌握事故事件报告内容;了解应急管理常识	掌握作业许可管理;掌握动火作业;掌握进入受限空间作业;掌握临时用电作业;掌握挖掘作业;掌握管线打开作业;掌握吊装作业;掌握高处作业;掌握承包商管理;掌握上锁挂签;掌握变更管理	了解工作前安全分析;了解目视化管理;了解启动前安全检查	掌握与员工岗位相关的部分
3	组织员工做好现场管理和客户服务工作	掌握服务与沟通技巧;掌握油品、非油和加油卡的推销宣传			掌握与员工岗位相关的部分
4	负责对当班员工的考勤和考核工作			掌握行为安全观察与沟通	
5	负责按照销售公司《成品油计量管理规范》的要求,严格执行油品计量、接卸操作规程,认真做好油品测量和记录工作	掌握劳动防护用品使用方法;掌握反违章禁令			

续表

序号	岗位职责	通用安全知识	生产受控管理流程	HSE理念、方法与工具	备注
6	负责商品进、销、存和数质量管理工作。记录上级部门、技术监督部门对加油机的检定情况；负责商品运输损耗的确认、监督及协调解决油品接卸纠纷工作	了解本专业典型事故案例			掌握与员工岗位相关的部分
7	负责本班范围内设施设备的维护、保养和清洁，并做好交接工作。负责经常性的设备巡回检查，发现问题及时汇报并尽快处理	掌握工具用具管理；掌握消防器材及设施安全检查与维护	掌握上锁挂签	了解目视化管理	
8	负责协助加油站经理处理顾客对商品数质量的投诉工作	掌握服务与沟通技巧		掌握行为安全观察与沟通	掌握与员工岗位相关的部分
9	了解公司的财务制度及相应处理程序并切实执行，恪守财务人员职业道德。负责当日营业款的及时缴存，现金、票证的结算做到日结日清				掌握与员工岗位相关的部分
10	负责及时填报各种报表，正确反映商品流转情况，做到账账、账物相符。妥善保管本站现金、账册、单据、发票及有关印章，确保营业现金安全		掌握上锁挂签		
11	了解和掌握便利店商品分布情况、促销内容及商品有关知识，以便回答顾客的各种询问	掌握服务与沟通技巧；掌握饮食卫生常识			掌握与员工岗位相关的部分

三、培训现状调查

随着企业的发展和安全环保管理的不断提升，岗位HSE培训需求发生很大变化，但由于各企业专业不同、发展不平衡，HSE培训资源、能力与需求存在一定的差异，因此在确定基层

岗位 HSE 培训需求时,应根据需要对一定范围的以下有关 HSE 培训现状进行调查:

(1)调查企业安全环保对岗位员工 HSE 能力要求。统计分析企业总体或者阶段事故(事件)、违章发生数量、原因、规律,找出岗位员工 HSE 能力与事故(事件)、违章关联程度;开展交流、测试、评估,分析岗位员工 HSE 能力状况;研判企业发展和内外部环境变化,分析岗位员工现有 HSE 能力适应程度。通过调查分析,确认企业对岗位员工 HSE 能力有哪些要求。

(2)调查岗位员工接受 HSE 培训需求。以岗位员工为主要对象,从安全环保工作、企业发展以及员工个人发展愿景出发,调查了解岗位员工个人对 HSE 培训需求。

(3)调查现有 HSE 培训机制。以 HSE 培训政策、制度、责任、管理方式、培训方法等为重点,调查分析对 HSE 培训的影响,是否适应岗位员工 HSE 培训的需要。

(4)调查现有 HSE 培训资源。重点调查现有可用于 HSE 培训的场地、器械、教材、操作规程、师资等数量、质量,评估是否能够满足岗位员工 HSE 培训的需要。

(5)调查基层生产工作组织形式。测算正常状态下可用于岗位员工 HSE 培训的时间、时段,分析 HSE 培训对岗位员工正常生产工作可能带来的最大影响。

HSE 培训需求调查可以采取观察、交流、问卷调查、测试,以及查阅有关违章和事故记录、绩效考核资料信息等方式方法进行,对调查结果进行分类统计汇总,以便分析。

四、培训内容调查

通过法律法规、标准规范、规章制度调查和岗位职责调查分析,确定岗位对员工能力的要求,重点关注以下四个方面:

(1)通用安全知识。包括安全常识、安全标识、应急逃生、常见伤害疾病急救、事故案例等。

(2)岗位操作技能。包括员工所在岗位各项经营管理制度和操作规程、操作风险、应急处置等。

(3)生产受控管理流程。包括作业许可、工作前安全分析、承包商管理等。

(4)HSE 理念、方法与工具。包括属地管理、目视化管理、启动前安全检查、行为安全观察与沟通等。

第三节 划分管理单元

管理单元是指由岗位员工负责管理、操作、维护的对象,需要有操作规程进行指导操作的设备、设施或相对独立的功能区域以及相关的生产作业活动。由于加油站是经营服务型基层单位,涉及的众多经营服务类操作项目,具有一定的特殊性,可将加油站非油商品管理、加油卡业务管理、现金及票据管理等经营服务类操作项目,划分为能够独立操作的管理单元,以便于梳理操作项目。

一、基本要求

划分管理单元要保证所有的设备设施、工作区域和经营管理活动都被识别,并纳入管理范畴,便于识别所有作业管理活动,并对识别出的管理操作活动进行操作项目梳理,辨识所有运行、维护、保养及经营管理等活动中的风险,保证操作项目全覆盖、无遗漏,实现安全操作,风险可控。

管理单元划分要考虑操作项目的全面性,要针对加油站的特点科学选择管理单元划分方法,可以按照设施设备、工作区域及经营管理活动相结合的方法进行划分,做到全面识别所有的管理活动。

二、加油站管理单元划分

1. 确定岗位设置

按照销售企业岗位设置要求,加油站岗位设置一般为 4 个,详见表 2-2。

表 2-2　加油站岗位设置表

序号	岗位
1	加油站经理岗
2	主管岗
3	营业员岗
4	加油员岗

2. 确定岗位职责

加油站管理单元进行划分时,遵循"以职责定单元,以操作立项目"的原则。即将岗位职责内容汇总分类,按照岗位实际设置、每个岗位所负责的生产工作范围、工作内容确定管理单元。

[例 1]　以某加油站为例,加油站主管岗岗位职责如下:

(1)负责组织本班员工开展各项经营、管理和服务工作。

(2)负责当班安全环保管理工作。落实各项安全制度,做好当班综合巡检工作,监督现场各项安全措施的落实。

(3)组织员工做好现场管理和客户服务工作。

(4)负责对当班员工的考勤和考核工作。

(5)严格执行油品计量、接卸操作规程,认真做好油品测量和记录工作。

(6)负责商品进、销、存和数质量管理工作。记录上级部门、技术监督部门对加油机的检定情况;负责商品运输损耗的确认、监督及协调解决油品接卸纠纷工作。

(7)负责本班范围内设施设备的维护、保养和清洁,并做好交接工作。负责经常性的设备巡回检查,发现问题及时汇报并尽快处理。

(8)负责协助加油站经理处理顾客对商品数质量的投诉工作。

(9)了解公司的财务制度及相应处理程序并切实执行,恪守财务人员职业道德。负责当日营业款的及时缴存,现金、票证的结算做到日结日清。

(10)负责及时填报各种报表,正确反映商品流转情况,做到账账、账物相符。妥善保管本站现金、账册、单据、发票及有关印章,确保营业现金安全。

(11)了解和掌握便利店商品分布情况、促销内容及商品有关知识,以便回答顾客的各种询问。

按照职责属性,将加油站主管岗位的职责分为四类,详见表 2-3。

表 2-3　加油站主管岗岗位职责分类

序号	岗位	岗位职责分类	备注
1	主管岗	基本操作技能	
2		经营管理技能	
3		设备维护保养	
4		应急处置	

3. 划分管理单元

划分管理单元时,应在调查分析的基础上,按照加油站岗位职责分类,对加油站岗位负责管理的设备设施、工作区域和相关作业、经营活动进行全面、系统梳理,按照一台(套)设备设施、一个工作区域、一项经营活动内容、一项相关作业活动等要求,划分岗位管理单元。

如根据某加油站主管岗的四类职责内容,划分管理单元:
(1)基本操作技能职责划分为油品数质量管理、配发电管理、日常巡检3个管理单元。
(2)经营管理技能职责划分为现金及票据管理、经营数据统计2个管理单元。
(3)设备维护保养职责划分为属地设施设备管理1个管理单元。
(4)应急处置职责划分为应急处置1个管理单元。
这样,加油站主管岗共划分为7个管理单元,详见表2-4。

表 2-4　加油站主管岗管理单元汇总表

序号	岗位	岗位职责分类	管理单元	备注
1	主管岗	基本操作技能	油品数质量管理	
2			配发电管理	
3			日常巡检	
4		经营管理技能	现金及票据管理	
5			经营数据统计	
6		设备维护保养	属地设施设备管理	
7		应急处置	应急处置	
合计		4项	7个	

三、注意事项

(1)管理单元要涵盖所有的设备设施、工作区域、作业活动、经营管理等内容。
(2)管理单元要进行现场识别确认。管理单元清单建立后,应组织加油站员工按照梳理的管理单元清单,进行实际确认,保证识别的管理单元符合实际,全面、无遗漏。

第四节　梳理操作项目

操作项目是指根据管理内容划分出的相对独立、完整,不存在重叠和交叉,需要辨识操作风险并能够实施控制的单项操作活动。

一、基本要求

梳理操作项目的目的是分析岗位操作技能、经营管理、设备维护保养和应急处置能力培训的需求,明确岗位员工需要进行哪些操作,即"干什么",进而确定员工需要哪些培训,即"会什么",并检验操作规程、制度要求的完整性,确保所有操作风险受控。每一个管理单元包含若干个操作项目,针对管理单元中涉及的操作,结合设施设备、作业活动、经营活动以及环境特点,按照操作规程、设备设施维护保养等制度,以及风险控制和培训的需要,把管理单元分解为独立的操作项目。

梳理操作项目应该遵循以下原则:

(1)保证操作项目的全面性。每个操作项目应当具有相应的操作规程、规章制度,要满足操作前准备与检查、操作步骤、操作后检查和应急处置四个方面的要求。

(2)保证操作项目的独立性。把每个管理单元分解为相对独立的操作项目,操作项目之间不要交叉和重叠。

二、操作项目梳理

在管理单元划分的基础上,按照操作项目的全面性、独立性原则,对管理单元对应的管理内容进行操作项目的梳理分解。例如加油站主管岗位管理内容分为油品数质量管理、配发电管理、现金及票据管理等7个方面的管理单元,可以分解梳理为卸油操作、汽油"水溶出法"检验操作、滤油操作、油品计量操作等35个操作项目,详见表2-5。

表2-5 加油站主管岗操作项目汇总表

序号	岗位	岗位职责分类	管理单元	操作项目	备注
1	主管	基本操作技能	油品数质量管理	卸油操作	
2				汽油"水溶出法"检验操作	
3				滤油操作	
4				油品计量操作	
5			配发电管理	柴油发电机操作	
6				配电柜操作	
7			日常巡检	日常安全巡检	
8		经营管理技能	现金及票据管理	营业款项的清点及缴存	
9				发票管理	
10				保险柜使用及管理	
11			经营数据统计	加管系统的对账与报表	
12				盘点数据处理	
13		设备维护保养	属地设施设备管理	信息系统维护与保养	
14				发电机维护保养及使用	
15				变、配电设备维护保养	
16				罐区及工艺管线维护保养	
17				油气回收设备维护保养	

续表

序号	岗位	岗位职责分类	管理单元	操作项目	备注
18	主管	设备维护保养	属地设施设备管理	监控设备维护保养	
19				计量器具维护保养	
20				消防器材管理维护保养	
21				清洗加油机和卸油口过滤器	
22				防雷防静电设施维护保养	
23				排污设施维护保养	
24		应急处置	应急处置	油品泄漏应急处置	
25				油罐区着火应急处置	
26				电气设备着火应急处置	
27				防恐反恐处置	
28				自然灾害类突发事件处置	
29				混油应急处置	
30				生产事故类突发事件处置	
31				社会安全类突发事件处置	
32				公共卫生类突发事件处置	
33				环境污染处置	
34				数质量纠纷处置	
35				新闻危机处置	
合计		4项	7个	35项	

三、注意事项

在梳理操作项目过程中,不能"过细"也不能"过粗",要把握原则和尺度。

(1)不能将管理单元与操作项目混淆。因为一个单独的操作项目对应一个操作规程或一项制度要求,如果将管理单元作为操作项目,势必造成培训内容过大而产生"大课堂"现象,不利于员工理解和掌握。

(2)不能将操作项目与操作步骤混淆。一个操作项目包含多个操作步骤,将操作步骤作为操作项目,势必造成培训内容过小而使培训矩阵过于"臃肿"。例如选取并检查计量器具是油品计量操作的一个操作步骤,不能作为一个单独的操作项目加以确定。

第五节 开展危害分析

对每个操作项目开展危害因素辨识,目的是明确操作项目存在的风险,为设定培训要求、编制培训课件、完善操作规程提供支持。

一、危害分析的基本方法

在开展危害分析时,要确保风险识别覆盖每个操作步骤,辨识操作前、操作中、操作后的风险,纳入岗位培训需求,为岗位培训矩阵应用奠定基础。加油站危害分析可根据实际情况选用现场观察、工作前安全分析(JSA)和安全检查表(SCL)等危害辨识方法。

(1)将操作项目划分成具体的操作步骤。组织员工参照操作规程、规章制度、工艺流程、设备说明等,对操作项目进行操作步骤分解,具体到规范着装、工具使用、静电释放、开关阀门等操作节点。

(2)对每个操作步骤中存在的危害因素进行辨识和评价。识别每个操作步骤中可能存在的不安全行为和不安全状态,并进行风险评价,制定风险控制措施。

(3)完善操作规程、制度要求和应急处置程序。根据工作前安全分析结果,对照现有的管理程序,制修订操作规程、制度要求和应急处置程序。

二、操作项目主要风险分析

(1)将操作项目划分成具体的操作步骤。

[例2] 某加油站地罐交接卸油操作步骤划分。详见表2-6。

表2-6 地罐交接卸油操作步骤划分清单

序号	操作顺序	操作步骤
1	工器具及防护用品准备	着装准备
2		工具和用具准备
3		地罐交接卸油流程
4	作业准备	车辆引导
5		静电释放
6		安全准备
7		表单核对
8		人工读数
9		空容计算
10	质量验收	底部取样
11		质量验收
12		油品留样
13		油样施封
14	卸油作业	RPOS 锁枪
15		卸前静置
16		系统读数
17		胶管连接
18		双方核对
19		闸阀开启
20		卸油监护
21		闸阀关闭
22		余油滤尽
23		卸后施封

续表

序号	操作顺序	操作步骤
24	数量验收	卸后静置
25		系统计量
26		双方签认
27		器材复位
28	作业审核	作业审核
29		油枪解锁

(2) 对每个操作步骤开展危害因素辨识与评价。

[例3] 地罐交接卸油操作危害因素辨识与控制清单。详见表2-7。

表2-7 地罐交接卸油操作危害因素辨识与控制清单

序号	操作顺序	操作步骤	危害因素	危害后果	应采取的风险控制措施
1	工器具及防护用品准备	着装	未着防静电工作服或着装不规范	火灾、爆炸	规范穿着防静电工作服,并做到"三紧"
2		工具和用具准备	使用非防爆用具	火灾、爆炸	使用防爆用具
3			液位仪读数不正确	跑冒油、火灾爆炸、计量误差	定期开展液位仪比对工作
4	作业准备	车辆引导	罐车进站无人引导	车辆伤害	罐车进站后,卸油员主动引导罐车驶入卸油平台
5			罐车进站未减速,车速过快	车辆伤害	进站口安装限速标示,卸油员及时提示、预警
6			驾驶员打手机、吸烟、修车等"三违"行为	火灾、爆炸	对驾驶员进行安全提示,做好现场监管
7		静电释放	未连接静电接地报警器	火灾、爆炸	连接静电接地报警器,释放罐车静电
8			接地连接点与卸油口不足1.5m	火灾、爆炸	静电接地夹连接在距离卸油口1.5m外罐车专用接地端子上
9			静电接地报警器故障,静电未有效释放	火灾、爆炸	卸油前认真检查静电接地报警器是否正常
10		安全准备	卸油现场未布放消防器材	事故处置不及时	卸油口10m上风方向布置35kg干粉灭火器一具,并处于临战状态
11			卸油胶管破损	油品泄漏、火灾爆炸、环境污染	卸油前检查卸油胶管完好性
12			卸油胶管与接头静电线未有效跨接	火灾、爆炸	卸油前检查胶管与接头静电线跨接是否有效
13			卸油前未检查计量口密闭情况	油气泄漏、火灾爆炸、环境污染	卸油前确认计量口密闭

续表

序号	操作顺序	操作步骤	危害因素	危害后果	应采取的风险控制措施
14	作业准备	表单核对	《成品油配送单》与《油品配送计划单》品种不一致	混油	认真核对两个表单一致性
15		人工读数	人工读数时误读、错读	造成油品超损耗	认真读取并抄录液位仪显示的待进油罐实存数、空容量信息,并再次确认
16		空容计算	计算错误,引发跑冒油事故	环境污染	认真计算出卸后空容量,并再次确认
17	质量验收	底部取样	未释放人体静电	火灾、爆炸	作业前释放人体静电
18			未站在上风口	油气中毒	站在上风口计量、取样操作
19		质量验收	未对油品进行表观验收	油品质量事件	严格按规定对油品颜色、气味和水杂进行表观验收
20			未对汽油进行水溶出法验收	油品质量事件	严格操作规程,对汽油进行水溶出法检测
21		油品留样	留样瓶不清洁,有水杂	样品污染	留样瓶保持清洁、无水杂
22		油样施封	留样瓶施封不规范	留样失效	按规范要求施封
23	卸油作业	RPOS锁枪	油枪未锁住,员工提枪加油	数量差异	加油员在RPOS锁住加油站进油罐对应加油枪,停止进油罐发油
24		卸前静置	油罐静置时间不足	数量差异	锁枪后加油站进油罐静置5min
25		系统读数	油温和密度输入错误	数量差异	在输入数据时仔细、认真核对数据正确性
26		胶管连接	卸油胶管连接错误	混油事故、质量事故	粘贴品名标识,严格执行卸油看板作业,认真核对
27			管线连接不牢固或无密封垫	油品泄漏、火灾爆炸、环境污染	检查管线连接是否牢固,密封垫是否完好、有效
28		双方核对	核对执行不到位	混油、跑冒油、火灾爆炸、环境污染	卸油前严格执行核对制度
29		闸阀开启	开启卸油闸阀过快	火灾、爆炸	驾驶员缓慢开启罐车卸油口闸阀
30		卸油监护	卸油过程中现场监护不到位	突发事件处置不及时	严格执行卸油作业现场监护制度
31		闸阀关闭	闸阀未关闭到位,未放尽胶管内余油	环境污染	驾驶员关闭罐车卸油口闸阀,拆卸卸油胶管,放净卸油胶管内余油
32		余油滤尽	未进行滤油操作	数量差异	严格按规定进行滤油操作
33			未登车确认油品是否卸尽	数量差异	严格按操作规程操作,卸完油登车确认油品已卸净
34			登车作业时未升起护栏	高处坠落	登车作业有效升起护栏
35			登车作业时未佩戴安全帽	其他伤害	登车作业时规范佩戴安全帽
36		卸后施封	卸油后未有效施封	盗油事件	严格执行卸油操作规程,回程铅封由卸油员施封

续表

序号	操作顺序	操作步骤	危害因素	危害后果	应采取的风险控制措施
37	数量验收	卸后静置	油罐静置时间不足	质量、计量纠纷	卸油结束后进油罐应静置5min
38		系统计量	未在BOS后台点击"操作结束"	数量差异	严格按操作步骤进行操作
39			温度和标准密度错输	数量差异	认真核对输入数据
40		双方签认	签字流于形式	数量纠纷	卸油员、驾驶员在《加油站计量验收入库单》共同签字确认油品实收数量
41		器材复位			
42	作业审核	作业审核			
43		油枪解锁			

三、危害分析结果应用

危害分析是合理、规范编制HSE培训矩阵的重要工作环节,其结果不仅能够为编制和应用矩阵提供依据,而且也是强化HSE基础管理工作、推动岗位职责履行、落实风险分级防控责任的重要工作。

（1）完善操作规程。把危害分析结果与基层现有操作规程进行比对,能够检验操作规程是否覆盖所有操作活动,内容是否符合要求,是否能够做到定量可操作。

（2）规范HSE检查表。在危害辨识和评估的基础上,依据国家、行业和企业标准,能够进一步规范现场HSE检查表,明确规定出设备设施完整性标准和检查责任、频次及方法。

（3）强化应急处置卡的针对性和可操作性。根据对异常和紧急情况的风险分析,能够有效查找出基层岗位应急处置卡在管理环节、技术措施上的不足,并有针对性地加以完善,从而增强应急处置卡的可操作性。

（4）进一步明确岗位培训需求。基于风险分析基础上的管理单元划分会更合理,风险防控的重点会更突出,因此针对不同岗位的培训需求将更精准,能够真正做到"缺什么补什么"。

四、注意事项

（1）确保风险识别覆盖每一个操作步骤。应成立危害因素辨识与评价小组,选择适当的危害分析方法,组织员工通过查阅操作规程、作业指导书、规章制度、"三违"记录、相关事故（事件）分析报告、现场观察等方式,对每个操作步骤可能存在的危害因素进行识别和确认。

（2）强化风险告知与经验分享。根据风险评价的结果,对照完善操作规程、制度要求、现场检查表、应急预案等现场作业文件。充分利用交接班例会等,组织员工开展岗位风险告知、操作规程和相关制度学习、事故案例安全经验分享,自觉落实岗位风险防控措施。

第六节　确定培训内容

培训内容是HSE培训矩阵的核心,应根据加油站实际及岗位设置情况,开展岗位需求调查分析进行确定。培训内容是为了满足员工基本上岗要求的需要,应接受的培训项目。

一、培训内容的分类

基层岗位 HSE 培训的目的就是提升岗位员工风险控制能力,能够运用有效的 HSE 管理工具和方法辨识风险,运用法律法规、规章制度、标准规范要求在生产生活中控制风险。因此,岗位员工应该在以下 4 个方面确定培训内容。

(1)通用安全知识;
(2)本岗位操作技能;
(3)生产受控管理流程;
(4)HSE 理念、方法与工具。

二、岗位培训内容确定

1. 通用安全知识确定

通用安全知识培训是基层岗位 HSE 培训矩阵的通用培训项目,培训的目的是让每位员工都能了解或掌握与生产经营和生活密切相关的 HSE 知识以及反违章禁令等要求。按照岗位职责调查分析结果,加油站通用安全知识可包括以下内容:

(1)石油安全常识(成品油理化知识)。
(2)反违章禁令(禁令内容及解释)。
(3)安全用电常识(包括电的基本知识,防止触电的措施,油气场所防止电气火灾常识、安全用电基本要求等)。
(4)危害因素识别知识(危害因素基本概念、爆炸危险场所危害、辨识的基本方法与过程实例、风险控制措施)。
(5)安全标志标识(国家、行业的常见安全色、安全标志设置的要求,系统内加油站安全警示标识、标牌设置的要求)。
(6)劳动防护用品使用(防护服、工鞋、护目镜、安全帽、安全带、防噪声耳塞等防护用品使用)。
(7)工作外安全(家庭安全用水、用电、用火、用气等内容)。
(8)工具用具管理(包括通用工器具、电动工具、气瓶的使用与管理等内容)。
(9)灭火器材使用(手提式干粉灭火器、推车式干粉灭火器、CO_2 灭火器的使用)。
(10)消防器材及设施安全检查与维护(消防器材的配置、检查和使用)。
(11)服务与沟通技巧(现场服务沟通技巧)。
(12)油品、非油和加油卡的推销宣传。
(13)乘车安全常识(乘车、候车、下车的安全事项以及应急避险等内容)。
(14)饮食卫生常识(食堂及生活中的饮食、饮水卫生常识)。
(15)环境保护基本常识(隔油池、油气回收装置、清洁生产管理要求等)。
(16)常见伤害、疾病急救(外伤、触电、油气中毒、食物中毒等急救知识)。
(17)事故事件报告(事故事件级别、报告流程、未遂事件报告)。
(18)本专业典型事故案例(系统内加油站事故、事件案例)。
(19)法律法规(涉及加油站安全环保方面的法律法规条款及解释)。

(20)应急管理(公司三级应急管理常识)。

以某加油站为例,岗位员工应进行的通用 HSE 知识培训内容见表 2-8。

表2-8 某加油站(岗位)员工通用安全知识培训内容统计表

序号	培训内容	经理岗	主管岗	营业员岗	加油员岗	备注
1	石油安全常识	√	√	√	√	
2	反违章禁令	√	√	√	√	
3	安全用电常识	√	√	√	√	
4	危害因素识别知识	√	√	√	√	
5	安全标志标识	√	√	√	√	
6	劳动防护用品使用	√	√	√	√	
7	工作外安全	√	√	√	√	
8	工具用具管理	√	√	√	√	
9	灭火器使用	√	√	√	√	
10	消防器材及设施安全检查与维护	√	√	√	√	
11	服务与沟通技巧	√	√	√	√	
12	油品、非油和加油卡的推销宣传	√	√	√	√	
13	乘车安全常识	√	√	√	√	
14	饮食卫生常识	√	√	√	√	
15	环境保护基本常识	√	√	√	√	
16	常见伤害、疾病急救	√	√	√	√	
17	事故事件报告	√	√	√	√	
18	本专业典型事故案例	√	√	√	√	
19	法律法规	√	√	√	√	
20	应急管理	√	√	√	√	
合计,项		20	20	20	20	

注:"√"表示该岗位应培训的内容。

2. 本岗位操作技能确定

岗位基本操作技能是基层岗位 HSE 培训矩阵的个性化部分,是针对某一岗位涉及的操作、经营服务和应急处置而必须培训的内容,培训的重点是操作过程中的危害因素辨识和风险控制方法、操作技术要求、经营服务管理要求和应急处置程序。基本操作技能培训内容应当根据不同岗位、不同操作项目确定。

以某加油站为例,由于岗位不同,培训内容也有所不同。经理岗共有 47 个操作项目,操作技能培训内容应为 47 个;主管岗 33 个操作项目,操作技能培训内容应为 33 个;营业员岗 28 个操作项目,操作技能培训内容应为 28 个;加油员岗 13 个操作项目,操作技能培训内容应为 13 个,见表 2-9。

表2-9 某加油站(岗位)操作项目清单

序号	操作项目	经理岗	主管岗	营业员岗	加油员岗	备注
1	**加油操作**					
1.1	普通加油操作		√		√	
1.2	自助加油操作		√		√	
2	**站级系统财务操作**					
2.1	班结操作		√	√		
2.2	日结操作		√	√		
2.3	收银操作(收银、管理系统相应操作)		√	√		
3	**卸油管理**					
3.1	地罐交接卸油操作	√	√			
3.2	汽油"水溶出法"检验操作	√	√			
3.3	油罐车滤油操作	√	√			
3.4	油品计量操作	√	√			
4	**配发电管理**					
4.1	柴油发电机操作	√	√			
4.2	变配电操作	√	√			
5	**属地设施设备管理**					
5.1	潜油泵加油机日常检查	√			√	
5.2	加油现场设施设备日常检查	√			√	
5.3	便利店运营设备维护(系统准备、理货、灯光、空调、冰柜及其他服务设备)		√	√		
5.4	PD-3液位仪日常维护保养、操作	√	√			
5.5	信息设备日常检查与维护		√			
5.5	柴油发电机日常检查与维护保养	√	√			
5.7	变压器日常检查与维护	√	√			
5.8	配电柜管理与维护	√	√			
5.9	油管管线及附件日常检查与维护	√	√			
5.10	油气回收设备维护保养	√	√			
5.11	监控设备维护保养	√	√			
5.12	计量器具管理与维护		√			
5.13	清洗加油机和卸油口过滤器					
5.14	防雷防静电装置测试	√	√			
5.15	防雷防静电装置日常检查维护	√	√			
5.16	排污设施维护保养	√	√			
6	**便利店商品管理**					
6.1	商品站间调拨			√		

续表

序号	操作项目	经理岗	主管岗	营业员岗	加油员岗	备注
6.2	商品订货、收货			√		
6.3	商品退换货			√		
6.4	商品盘点	√		√		
6.5	商品销售与促销	√		√		
6.6	商品价格管理	√		√		
6.7	商品陈列,存货管理	√		√		
7	**加油卡业务管理**					
7.1	加油卡更换、挂失与注销			√		
7.2	加油卡售卡			√		
7.3	加油卡充值—资金平台操作、优惠申请(自动、手动)	√		√		
7.4	加油卡白卡管理(保管、发放、盘点)	√		√		
7.5	Ukey和卡系统的密码管理	√		√		
8	**现金及票据管理**					
8.1	营业款项的缴存及票据结算		√			
8.2	发票(普通发票、开具及管理增值税发票)管理	√	√			
8.3	保险柜使用及管理	√	√			
9	**经营数据统计分析**					
9.1	加管系统的对账与报表	√	√			
9.2	盘点数据处理	√	√			
9.3	经营数据分析	√		√		
9.4	卡数据分析	√		√		
10	**日常巡检**					
10.1	日常安全巡检	√	√			
11	**应急处置**					
11.1	车辆事故应急处置	√	√	√	√	
11.2	火灾应急处置	√	√	√	√	
11.3	社会安全突发事件应急处置	√	√	√	√	
11.4	油品混油应急处置	√	√	√	√	
11.5	油品泄露应急处置	√	√	√	√	
11.6	纠纷应急处置	√	√	√	√	
11.7	自然灾害突发事件应急处置	√	√	√	√	
11.8	跑单和加油机乱码应急处置	√	√	√		
11.9	食物中毒应急处置	√	√	√	√	
合计,项		47	33	28	13	

注:"√"表示该岗位应培训的内容。

3. 生产受控管理流程确定

生产受控管理流程是基层岗位员工落实属地管理责任应当了解或掌握的内容,是根据受控管理需要培训的项目,目的是让岗位员工了解企业有关受控管理要求,掌握本岗位涉及的受控管理内容和管理制度,并应用到HSE管理中。根据加油站生产运行、非常规作业、承包商管理过程中存在的危险作业、工具方法运用等实际情况,加油站的生产受控管理流程培训项目主要包括:

(1)作业许可管理(包括作业许可管理和动火作业、进入受限空间作业、临时用电作业、挖掘作业、高处作业、管线打开作业、吊装作业等)。

(2)变更管理。

(3)上锁挂签。

(4)承包商管理等。

以某加油站为例,岗位员工应进行的生产受控管理流程培训内容见表2–10。

表2–10 某加油站岗位员工生产受控管理流程培训内容统计表

序号	培训内容	经理岗	主管岗	营业员岗	加油员岗	备注
1	作业许可管理	√	√	√	√	
2	动火作业	√	√	√	√	
3	进入受限空间作业	√	√	√	√	
4	临时用电作业	√	√	√	√	
5	挖掘作业	√	√	√	√	
6	管线打开作业	√	√	√	√	
7	吊装作业	√	√	√	√	
8	高处作业	√	√	√	√	
9	变更管理	√	√	√	√	
10	上锁挂签	√	√	√	√	
11	承包商管理	√	√	√	√	
合计,项	11	11	11	11	11	

注:"√"表示该岗位应培训的内容。

4. HSE理念、方法与工具确定

HSE理念、方法与工具是根据企业HSE体系建设推进需要而设定的培训内容,通过培训使加油站员工了解国家、行业、企业有关HSE要求,熟悉并能够应用HSE管理方法与工具开展日常HSE管理工作。HSE理念、方法与工具培训内容主要包括以下内容:

(1)HSE职责、权利、义务、责任;

(2)属地管理;

(3)行为安全观察与沟通;

(4)目视化管理;

(5)工作前安全分析;

(6)工作循环分析;

(7)启动前安全检查等。

以某加油站为例,岗位员工应进行的 HSE 理念、方法与工具培训内容见表 2-11。

表 2-11 某加油站岗位员工 HSE 理念、方法与工具培训内容统计表

序号	培训内容	经理岗	主管岗	营业员岗	加油员岗	备注
1	HSE 职责、权利、义务、责任	√	√	√	√	
2	属地管理	√	√	√	√	
3	行为安全观察与沟通	√	√	√	√	
4	目视化管理	√	√	√	√	
5	工作前安全分析(JSA)	√	√	√	√	
6	工作循环分析(JCA)	√	√	√	√	
7	启动前安全检查(PSSR)	√	√	√	√	
合计,项	7	7	7	7	7	

注:"√"表示该岗位应培训的内容。

三、注意事项

(1)培训内容应和岗位职责相对应。在全面梳理岗位职责的前提下,分析基层员工履行岗位职责而必须具备的 HSE 知识和技能,合理设置培训项目,确保培训内容能够满足员工最基本的上岗要求。

(2)培训内容的范围不宜过宽。岗位设置的培训内容不搞大而全,设定的操作技能培训项目应只针对该岗位涉及的操作活动;通用安全知识、生产受控管理流程以及 HSE 理念、方法与工具的培训内容,应切合操作岗位员工日常的生产活动实际,纳入与岗位密切相关的 HSE 理念、方法和知识。

(3)加强与岗位员工的沟通。不同企业的管理机制有所不同,对岗位操作项目和技能水平的要求也存在差异,因此在矩阵编制过程中,应与员工就设定的培训内容进行沟通和确认,确保 HSE 培训矩阵符合加油站的生产经营管理实际。

第七节 设定培训要求

培训要求是指为实施培训设定的方法及资源,对规范实施培训具有重要的指导作用。

一、基本要求

培训要求是保证培训有效实施的保障,要明确需要培训多长时间、采取什么方式、由谁实施培训、达到的预期培训效果、多长时间复训等要求。一般包括培训课时、培训周期、培训方式、培训效果和培训师资 5 个方面。

二、培训要求设定

1. 培训课时

HSE 培训课时是指针对某一培训内容需要的授课时间,要根据培训内容多少、接受难易

程度、需要达到的效果等确定,单项的培训内容原则上不超过 30min。

以某加油站为例,每个岗位的单项培训课时确定见表 2-12。

表 2-12 某加油站岗位员工 HSE 培训课时确定汇总表(部分)

序号	培训内容	经理岗	主管岗	营业员岗	加油员岗	备注
1	通用安全知识					
1.1	石油安全常识	30	30	30	30	
1.2	反违章禁令	30	30	30	30	
1.3	安全用电常识	30	30	30	30	
…	……	……	……	……	……	
2	岗位基本操作技能					
2.1	普通加油操作	30	—	—	30	
2.2	配电柜管理与维护	30	30	—	—	
2.3	食物中毒应急处置	15	15	15	15	要求"了解"的岗位培训课时可为15min
…	……	……	……	……	……	
3	生产受控管理流程					
3.1	作业许可管理	30	30	30	30	
3.2	动火作业	30	30	30	30	
3.3	进入受限空间作业	30	30	30	30	
…	……	……	……	……	……	
4	HSE 知识方法与工具					
4.1	HSE 职责、权利、义务、责任	15	15	15	15	
4.2	属地管理	15	15	15	15	
4.3	行为安全观察与沟通	15	15	15	15	
…	……	……	……	……	……	

注:培训课时单位为分钟(min)。

2. 培训周期

HSE 培训周期是指同一内容两次培训的间隔时间。HSE 培训周期的设定主要考虑法律法规和企业有关要求,结合设施设备更新、制度要求更新、新拓展经营业务、最新事故事件案例、员工知识更替等实际,宜按照下列基本原则确定:

(1)培训周期一般不超过 3 年。

(2)一般需要员工达到"了解"和"掌握"的培训内容,培训周期不超过 1 年。

(3)事故案例等需要随时进行的培训内容应为"随时"。

(4)新进、转岗、复工等岗位员工 HSE 培训,或者因规章制度、设备设施、工艺技术、业务流程等变更应当进行的 HSE 培训,以及其他专项培训,可不受周期限制。

以某加油站为例,每个岗位的单项培训周期确定见表 2-13。

表2-13 某加油站岗位员工HSE培训周期确定汇总表(部分)

序号	培训内容	经理岗	主管岗	营业员岗	加油员岗	备注
1	通用安全知识					
1.1	石油安全常识	1年	1年	1年	1年	
1.2	反违章禁令	1年	1年	1年	1年	
1.3	安全用电常识	3年	3年	3年	3年	
1.4	本专业典型事故案例	随时	随时	随时	随时	
…	……					
2	岗位基本操作技能					
2.1	普通加油操作	1年	—	—	1年	
2.2	配电柜管理与维护	3年	3年	—	—	
2.3	食物中毒应急处置	1年	1年	1年	1年	
…	……					
3	生产受控管理流程					
3.1	作业许可管理	1年	1年	1年	1年	
3.2	动火作业					
3.3	进入受限空间作业	1年	1年	1年	1年	
…	……	……	……	……	……	
4	HSE知识方法与工具					
4.1	HSE职责、权利、义务、责任	3年	3年	3年	3年	
4.2	属地管理	3年	3年	3年	3年	
4.3	行为安全观察与沟通	3年	3年	3年	3年	
…	……	……	……	……	……	

3. 培训方式

HSE培训方式是指根据不同的培训内容、培训效果、培训对象可采取的培训手段或形式,主要有课堂、现场、会议(包括自学、告知、网络培训)等形式,针对一些特殊培训内容或条件较特殊的对象也可以不限定具体的培训形式。加油站HSE培训方式可按照下列基本原则确定:

(1)需要动手操作的项目,以实际操作培训为主,课堂讲授与现场演示相结合。
(2)属于理念、理论性的内容,以课堂授课或会议告知为主。
(3)不限定员工自学。

以某加油站为例,每个岗位的单项培训方式确定见表2-14。

表2-14 某加油站岗位员工HSE培训方式确定汇总表(部分)

序号	培训内容	经理岗	主管岗	营业员岗	加油员岗	备注
1	通用安全知识					
1.1	石油安全常识	课堂或会议	课堂或会议	课堂或会议	课堂或会议	
1.2	反违章禁令	课堂或会议	课堂或会议	课堂或会议	课堂或会议	
1.3	安全用电常识	课堂+现场	课堂+现场	课堂+现场	课堂+现场	
1.4	本专业典型事故案例	不限	不限	不限	不限	
…	……	……	……	……	……	
2	岗位基本操作技能					
2.1	普通加油操作	课堂+演练	—	—	课堂+演练	
2.2	配电柜管理与维护	课堂+现场	课堂+现场	—	—	
2.3	食物中毒应急处置	课堂+演练	课堂+演练	课堂+演练	课堂+演练	
…	……	……	……	……	……	
3	生产受控管理流程					
3.1	作业许可管理	课堂+现场	课堂+现场	课堂+现场	课堂+现场	
3.2	动火作业	课堂+现场	课堂+现场	课堂+现场	课堂+现场	
3.3	进入受限空间作业	课堂+现场	课堂+现场	课堂+现场	课堂+现场	
…	……	……	……	……	……	
4	HSE知识方法与工具					
4.1	HSE职责、权利、义务、责任	课堂或会议	课堂或会议	课堂或会议	课堂或会议	
4.2	属地管理	课堂或会议	课堂或会议	课堂或会议	课堂或会议	
4.3	行为安全观察与沟通	课堂或会议	课堂或会议	课堂或会议	课堂或会议	
…	……	……	……	……	……	

4. 培训效果

HSE培训效果是指员工经过培训后,希望或者要求达到的目标,一般分为"了解""掌握""能够正确应用并指导他人"三个层次。HSE培训效果可按照以下基本原则确定:

(1)属于理念、理论性或与本岗位操作间接相关的培训内容,培训效果可确定为"了解",如事故案例等。

(2)属于本岗位直接操作的项目和涉及的生产受控项目,要求经过培训后必须达到熟知或能够独立操作的培训内容,培训效果应当确定为"掌握",如本岗位操作技能的所有培训内容。

(3)对于一般基层岗位员工要求"了解"或"掌握"的培训内容,要求加油站经理必须"掌握",并且能够指导他人,以保障其具有履行对加油站成员进行HSE培训的直线责任能力。

以某加油站为例,每个岗位的单项培训效果确定见表2-15。

表 2-15 某加油站岗位员工 HSE 培训效果确定汇总表(部分)

序号	培训内容	经理岗	主管岗	营业员岗	加油员岗	备注
1	通用安全知识					
1.1	石油安全常识	掌握	掌握	掌握	掌握	
1.2	反违章禁令	掌握	掌握	掌握	掌握	
1.3	安全用电常识	掌握	掌握	掌握	掌握	
1.4	本专业典型事故案例	了解	了解	了解	了解	
…	……	……	……	……	……	
2	岗位基本操作技能					
2.1	普通加油操作	掌握	—	—	掌握	
2.2	配电柜管理与维护	掌握	掌握	—	—	
2.3	食物中毒应急处置	掌握	掌握	掌握	掌握	
…	……	……	……	……	……	
3	生产受控管理流程					
3.1	作业许可管理	掌握	掌握	掌握	掌握	
3.2	动火作业	掌握	掌握	掌握	掌握	
3.3	进入受限空间作业	掌握	掌握	掌握	掌握	
…	……	……	……	……	……	
4	HSE 知识方法与工具					
4.1	HSE 职责、权利、义务、责任	了解	了解	了解	了解	
4.2	属地管理	了解	了解	了解	了解	
4.3	行为安全观察与沟通	了解	了解	了解	了解	
…	……	……	……	……	……	

5. 培训师资

培训师资是指能够满足某一培训内容需要的培训师。针对每项培训内容,应明确具体的培训师,加油站 HSE 培训师的确定基本原则:

(1)除特种作业岗位员工取证培训以外,其他岗位员工培训按照直线责任、"一级培训一级"的要求,由加油站经理、加油站主管等管理人员培训。

(2)加油站经理或主管等不具备相应能力的由其他培训师授课。

(3)对特种作业岗位员工操作培训的培训师,应当具有相应的特种作业资质。

以某加油站为例,每个岗位的单项培训师资确定见表 2-16。

表 2-16 某加油站岗位员工 HSE 培训师资确定汇总表(部分)

序号	培训内容	经理岗	主管岗	营业员岗	加油员岗	备注
1	通用安全知识					
1.1	石油安全常识	直线领导或培训师	直线领导或培训师	直线领导或培训师	直线领导或培训师	

续表

序号	培训内容	经理岗	主管岗	营业员岗	加油员岗	备注
1.2	反违章禁令	直线领导或培训师	直线领导或培训师	直线领导或培训师	直线领导或培训师	
1.3	安全用电常识	直线领导或培训师	直线领导或培训师	直线领导或培训师	直线领导或培训师	
1.4	本专业典型事故案例	所有人员	所有人员	所有人员	所有人员	
…	……	……	……	……	……	
2	岗位基本操作技能					
2.1	普通加油操作	直线领导或培训师	—	—	直线领导或培训师	
2.2	配电柜管理与维护	直线领导或培训师	直线领导或培训师	—	—	
2.3	食物中毒应急处置	直线领导或培训师	直线领导或培训师	直线领导或培训师	直线领导或培训师	
…	……	……	……	……	……	
3	生产受控管理流程					
3.1	作业许可管理	直线领导或培训师	直线领导或培训师	直线领导或培训师	直线领导或培训师	
3.2	动火作业	直线领导或培训师	直线领导或培训师	直线领导或培训师	直线领导或培训师	
3.3	进入受限空间作业	直线领导或培训师	直线领导或培训师	直线领导或培训师	直线领导或培训师	
…	……	……	……	……	……	
4	HSE 知识方法与工具					
4.1	HSE 职责、权利、义务、责任	直线领导或培训师	直线领导或培训师	直线领导或培训师	直线领导或培训师	
4.2	属地管理	直线领导或培训师	直线领导或培训师	直线领导或培训师	直线领导或培训师	
4.3	行为安全观察与沟通	直线领导或培训师	直线领导或培训师	直线领导或培训师	直线领导或培训师	
…	……	……	……	……	……	

三、注意事项

不同岗位培训要求设定不尽相同，应根据培训内容难易程度、风险大小、管理现状、能力期望以及其他情况综合分析，合理确定，不能一概而论。同时，也要在实际培训过程中根据实际情况予以调整。

第八节 形成培训矩阵

加油站岗位 HSE 培训矩阵应根据确定的培训内容和要求编制形成,经过审批并发布、备案。

一、培训矩阵形成

(1)建立岗位培训矩阵框架。

通过开展划分管理单元,梳理操作项目,开展危害分析,明确岗位需求,确定培训内容,设定培训要求,编制加油站岗位 HSE 培训矩阵的条件已经具备。基层岗位 HSE 培训矩阵以表格形式展现,纵向为培训内容,横向为培训要求。见表 2-17。

表 2-17 基层岗位 HSE 培训矩阵框架

序号	培训内容	培训要求					备注
		培训课时	培训周期	培训方式	培训效果	培训师资	

(2)依次填写"培训内容"和"培训要求"信息。

(3)逐项核对培训矩阵和培训内容、培训要求,确认与基层 HSE 培训基本需求调查分析相吻合,形成单个岗位 HSE 培训矩阵。以某加油站为例,主管岗 HSE 培训矩阵见表 2-18。

表 2-18 某加油站岗位(主管岗)HSE 培训矩阵示例

序号	培训内容	培训要求					备注
		培训课时 min	培训周期	培训方式	培训效果	培训师资	
1	**通用安全知识**						
1.1	石油安全常识	30	1年	课堂或会议	掌握	直线领导或培训师	
1.2	反违章禁令	30	1年	课堂或会议	掌握	直线领导或培训师	
1.3	安全用电常识	30	3年	课堂+现场	掌握	直线领导或培训师	
1.4	危害因素识别知识	30	1年	课堂+现场	掌握	直线领导或培训师	
1.5	安全标志标识	不限	随时	课堂+现场	掌握	直线领导或培训师	
1.6	劳动防护用品使用	30	3年	课堂+操作	掌握	直线领导或培训师	
1.7	工作外安全	30	1年	课堂或会议	掌握	直线领导或培训师	
1.8	工具用具管理	60	3年	课堂+演练	掌握	直线领导或培训师	
1.9	灭火器材使用	15	1年	课堂+演练	掌握	直线领导或培训师	
1.10	消防器材及设施安全检查与维护	15	1年	课堂+演练	掌握	直线领导或培训师	
1.11	服务与沟通技巧	60	1年	课堂或会议	掌握	直线领导或培训师	
1.12	油品、非油和加油卡的推销宣传	60	1年	课堂	掌握	直线领导或培训师	
1.13	乘车安全常识	30	1年	课堂	掌握	直线领导或培训师	

续表

序号	培训内容	培训要求					备注
		培训课时 min	培训周期	培训方式	培训效果	培训师资	
1.14	饮食卫生常识	30	1年	课堂	了解	直线领导或培训师	
1.15	环境保护基本常识	30	3年	课堂	掌握	直线领导或培训师	
1.16	常见伤害、疾病急救	30	3年	课堂+演练	掌握	直线领导或培训师	
1.17	事故事件报告	15	3年	课堂	掌握	直线领导或培训师	
1.18	本专业典型事故案例	不限	随时	不限	了解	所有人员	
1.19	法律法规	15	3年	课堂	掌握	直线领导或培训师	
1.20	应急管理	30	1年	课堂	了解	直线领导或培训师	
2	岗位基本操作技能						
2.1	油品数质量管理						
2.1.1	地罐交接卸油操作	30	3年	课堂+现场	掌握	直线领导或培训师	
2.1.2	汽油"水溶出法"检验操作	30	3年	课堂+现场	掌握	直线领导或培训师	
2.1.3	油罐车滤油操作	30	3年	课堂+现场	掌握	直线领导或培训师	
2.1.4	油品计量操作	30	3年	课堂+现场	掌握	直线领导或培训师	
2.2	配发电管理						
2.2.1	柴油发电机操作	30	3年	课堂+现场	掌握	直线领导或培训师	
2.2.2	变配电操作	30	3年	课堂+现场	掌握	直线领导或培训师	
2.3	现金及票据管理						
2.3.1	营业款项的缴存及票据结算	30	3年	课堂+现场	掌握	直线领导或培训师	
2.3.2	发票(普通发票、开具及管理增值税发票)管理	30	3年	课堂+现场	掌握	直线领导或培训师	
2.3.3	保险柜使用及管理	30	3年	课堂+现场	掌握	直线领导或培训师	
2.4	经营数据统计						
2.4.1	加管系统的对账与报表	30	3年	课堂+现场	掌握	直线领导或培训师	
2.4.2	盘点数据处理	30	3年	课堂+现场	掌握	直线领导或培训师	
2.5	日常巡检						
2.5.1	日常安全巡检	30	3年	课堂+现场	掌握	直线领导或培训师	
2.6	属地设施设备管理						
2.6.1	信息设备日常检查与维护	30	3年	课堂+现场	掌握	直线领导或培训师	
2.6.2	柴油发电机日常检查与维护保养	30	3年	课堂+现场	掌握	直线领导或培训师	
2.6.3	变压器日常检查与维护	30	3年	课堂+现场	掌握	直线领导或培训师	
2.6.4	配电柜管理与维护	30	3年	课堂+现场	掌握	直线领导或培训师	
2.6.5	油管管线及附件日常检查与维护	30	3年	课堂+现场	掌握	直线领导或培训师	
2.6.6	油气回收设备维护保养	30	3年	课堂+现场	掌握	直线领导或培训师	
2.6.7	监控设备维护保养	30	3年	课堂+现场	掌握	直线领导或培训师	
2.6.8	计量器具维护保养	30	3年	课堂+现场	掌握	直线领导或培训师	

续表

序号	培训内容	培训要求					备注
		培训课时 min	培训周期	培训方式	培训效果	培训师资	
2.6.9	清洗加油机和卸油口过滤器	30	3年	课堂+现场	掌握	直线领导或培训师	
2.6.10	防雷防静电装置测试	30	1年	课堂+现场	掌握	直线领导或培训师	
2.6.11	防雷防静电装置日常检查维护	30	1年	课堂+现场	掌握	直线领导或培训师	
2.6.12	排污设施维护保养	30	1年	课堂+现场	了解	直线领导或培训师	
2.7	应急处置						
2.7.1	车辆事故应急处置	30	3年	课堂+现场	掌握	直线领导或培训师	
2.7.2	火灾应急处置	30	3年	课堂+现场	掌握	直线领导或培训师	
2.7.3	社会安全突发事件应急处置	30	3年	课堂+现场	掌握	直线领导或培训师	
2.7.4	油品混油应急处置	30	3年	课堂+现场	掌握	直线领导或培训师	
2.7.5	油品泄漏应急处置	30	3年	课堂+现场	掌握	直线领导或培训师	
2.7.6	纠纷应急处置	30	3年	课堂+现场	掌握	直线领导或培训师	
2.7.7	自然灾害突发事件应急处置	30	3年	课堂+现场	掌握	直线领导或培训师	
2.7.8	跑单和加油机乱码应急处置	15	1年	课堂+演练	掌握	直线领导或培训师	
2.7.9	食物中毒应急处置	15	1年	课堂+演练	掌握	直线领导或培训师	
3	生产受控管理流程						
3.1	作业许可管理	30	1年	课堂+现场	掌握	直线领导或培训师	
3.2	动火作业	30	1年	课堂+现场	掌握	直线领导或培训师	
3.3	进入受限空间作业	30	1年	课堂+现场	掌握	直线领导或培训师	
3.4	临时用电作业	30	1年	课堂+现场	掌握	直线领导或培训师	
3.5	动土作业	30	1年	课堂+现场	掌握	直线领导或培训师	
3.6	管线打开作业	30	1年	课堂+现场	掌握	直线领导或培训师	
3.7	吊装作业	30	1年	课堂+现场	掌握	直线领导或培训师	
3.8	高处作业	30	1年	课堂+现场	掌握	直线领导或培训师	
3.9	上锁挂签	30	3年	课堂或会议	掌握	直线领导或培训师	
3.10	变更管理	60	3年	课堂或会议	掌握	直线领导或培训师	
3.11	承包商管理	30	1年	课堂+现场	掌握	直线领导或培训师	
4	HSE知识方法与工具						
4.1	HSE职责、权利、义务、责任	15	3年	课堂或会议	了解	直线领导或培训师	
4.2	属地管理	15	3年	课堂或会议	了解	直线领导或培训师	
4.3	行为安全观察与沟通	15	3年	课堂或会议	了解	直线领导或培训师	
4.4	目视化管理	30	3年	课堂或会议	了解	直线领导或培训师	
4.5	工作前安全分析（JSA）	15	3年	课堂或会议	掌握	直线领导或培训师	
4.6	工作循环分析（JCA）	30	3年	课堂或会议	掌握	直线领导或培训师	
4.7	启动前安全检查（PSSR）	30	3年	课堂或会议	掌握	直线领导或培训师	

编制人： 审批人： 年 月 日

(4)按照以上方法编制加油站各岗位培训矩阵,详见附录1至附录4。汇总形成加油站基层岗位HSE培训矩阵总表,详见附录5。

二、加油站岗位HSE培训矩阵评审发布与备案

1. 加油站岗位HSE培训矩阵评审

由于加油站岗位HSE培训矩阵直接关系到岗位员工能力需要、培训内容和培训要求,具有重要的权威性、指导性,已编制完成的HSE培训矩阵应当经过相应的评审和审批。HSE培训矩阵编制完成后,由直线部门组织相关部门专业技术人员和基层岗位员工代表进行评审,征求意见和建议,定稿后报培训主管部门批准。负责审查、批准的部门应当认真审批,对HSE培训矩阵审批负责。

2. 加油站岗位HSE培训矩阵发布

作为加油站岗位HSE培训的重要规范,经过批准的HSE培训矩阵应当在本单位范围内发布,下发到加油站、相关部门和领导,按岗位分发到涉及的员工,或者应用网络传递等方式告知。加油站应当对岗位员工了解掌握本岗位HSE培训矩阵情况进行验证,确保员工掌握本岗位的HSE培训矩阵。

3. 加油站岗位HSE培训矩阵备案

加油站岗位HSE培训矩阵与其他文件一样需要查阅、追踪,做好加油站HSE培训矩阵备案工作,有助于HSE培训矩阵的管理应用。已发布的加油站HSE培训矩阵,应当报培训主管部门和安全管理部门备案,按照受控文件进行登记、存档。

三、加油站岗位HSE培训矩阵维护

随着石油销售企业的不断发展,加油站工艺技术不断进步,设施设备不断更新,经营业务范围越来越宽,以及员工构成、素质的不断变化,有关法律法规、标准规范等要求不断提高,需要控制的风险也在不断变化,HSE培训需求同样在发生变化,因此应当根据这些变化及时调整HSE培训矩阵,使其始终能够满足风险控制的需要,保持HSE培训矩阵的适用性、有效性。

HSE培训矩阵原则上一般3年维护优化一次,出现以下情况应及时进行更新:
(1)组织机构和岗位职责变更;
(2)法律法规、标准规范变更;
(3)设备设施发生变更;
(4)新技术、新工艺、新设备、新业务应用之前;
(5)发生事故事件后,对矩阵项目的合理性、完整性进行评价;
(6)其他情况需要更新的。

第三章 培训课件编制

HSE培训课件是加油站HSE培训工作实施的重要载体,是HSE培训矩阵要求的培训内容的具体展现。针对加油站的操作项目存在易燃易爆、有毒有害等行业风险的特点,将加油站操作员工生产作业、经营管理、非常规作业涉及的安全环保知识、存在的风险及技术要求等,以直观、形象、具体的课件表现形式呈现,有利于操作员工了解HSE理念知识,明晰操作风险,掌握岗位必备的安全操作技能和应急处置措施,帮助基层员工持续提升岗位风险和操作的控制能力。

第一节 编制基本要求

一、培训课件编制原则

(1)有据可循,突出风险。培训课件作为培训矩阵编制与应用的重要组成部分,是员工理解HSE培训矩阵和操作规程的重要理论支撑。培训课件内容的选取应符合加油站员工操作、经营管理实际,围绕岗位管控要求,以规章制度、操作规程等为依据,按管理流程、操作步骤分析危害与风险,评估危害后果,明确防控措施和应急处置要求,让员工懂得如何识别风险、控制风险,实现安全操作。

(2)文字简明,直观生动。HSE培训课件的使用对象是加油站的一线员工,课件内容的表现方式应避免大量文字堆砌,宜用简洁易懂的文字、形象直观的图片或视频、发人深省的典型案例展现管理要求、操作规范及相应风险,切忌简单复制法律法规、制度标准条文的编制方式。文字描述避免生僻晦涩的技术标准用语、名词术语或英文缩写,应尽可能符合员工生产作业、经营管理活动中常用的语言习惯,文字表达简明通俗,风险提示和应急处置要求突出醒目,确保课件的直观性。

(3)编审结合,实用有效。作为基层岗位HSE培训矩阵的实施载体,HSE培训课件在编制过程中要本着"接地气"的原则,吸纳加油站员工代表参与,通过集合多方面的编制意见,形成课件初稿。并由对口的职能部门组织评审,根据反馈意见再次进行编制,最终形成课件定稿,实现编制与评审同步进行,保证课件编制质量。课件编制应针对培训对象梳理岗位涉及的HSE规范、操作技能、管控流程和理念知识,体现岗位活动的特点,符合岗位操作实际,充分结合案例分享和典型示范,用员工的话、员工的事培训员工,确保课件的实用性。

二、培训课件编制流程

课件编制主要包括课件设计、课件素材准备、课件制作、课件评审和正式发布五个环节。

1. 课件设计

课件编制人根据基层加油站操作人员岗位HSE培训矩阵中的培训内容,分析岗位的属地管理职责,梳理岗位操作使用的操作规程、制度要求、应急处置等作业文件,明确正确履责所需的安全环保知识与操作技能要求,设定该培训内容的培训目标,理清培训思路,依据培训对象有针对性地确定培训内容和培训重点,建立该课件的培训大纲。示例见表3-1。

表3-1 《柴油机发电操作》课件编制大纲

培训目的	(1)规范设备操作行为,降低设备操作风险,杜绝违章行为; (2)进一步提升设备操作技能及应急处置能力
培训内容	(1)安全经验分享; (2)主要风险与防控; (3)启动前准备; (4)发电操作步骤; (5)应急处置
编制人	王××
参考资料	(1)柴油发电机作业指导书; (2)柴油发电机操作危害因素辨识

2. 课件素材准备

课件编制人依据课件编制大纲的培训要点,收集、制作课件内容编制的基本素材。法规和标准、知识类书籍、规章制度和典型案例是制作通用安全知识类、生产受控流程管理类和HSE管理方法类课件的素材支撑;操作规程、操作卡、应急处置卡、审核检查发现问题通报和事故事件案例是制作岗位操作技能类培训课件的主要素材。针对生产经营一线操作员工对培训信息的感知特点,力求HSE培训课件的表现形式直观、形象、具体,需要课件编制人在准备阶段,制作相当数量的生产经营现场和操作示范的图片、动画或视频,课件内容化繁为简,将关键理念、操作技巧、HSE风险和工作实践用通俗易懂的文字、形象直观的图表呈现,提升培训信息传递的冲击力。素材准备应紧密围绕培训对象岗位风险防控的知识与技能要求,不应随意扩展培训内容或提升培训深度,特别注意避免将机关管理人员和专业技术人员的培训内容延伸到操作员工的培训课件中,以确保培训内容的针对性和指导性。

3. 课件制作

1)课件总体框架

HSE培训课件一般由五个部分组成,分别是课件封面、安全经验分享、培训目的、培训主体内容、结束语。课件总体框架及各部分主要作用,如图3-1所示。

2)课件版式要求

加油站HSE培训课件以PPT制作的多媒体课件为主,不限于视频课件等形式。本书主要对多媒体课件的版式作总体要求。

各企业应结合本企业安全建设中视觉形象设计的总体要求,尽可能使用统一的课件多媒体模板。课件背景使用白色或浅蓝色版面,字体颜色为黑色或深蓝色,重点内容使用红色或粗体等方式强调。

(1)课件封面。题目置于版面中部,描述通常使用"××知识"、"××结构"、"××操作"等,建议字体格式黑体或方正小标宋简体,字号视字数多少选择28~54号字,字体颜色为黑色

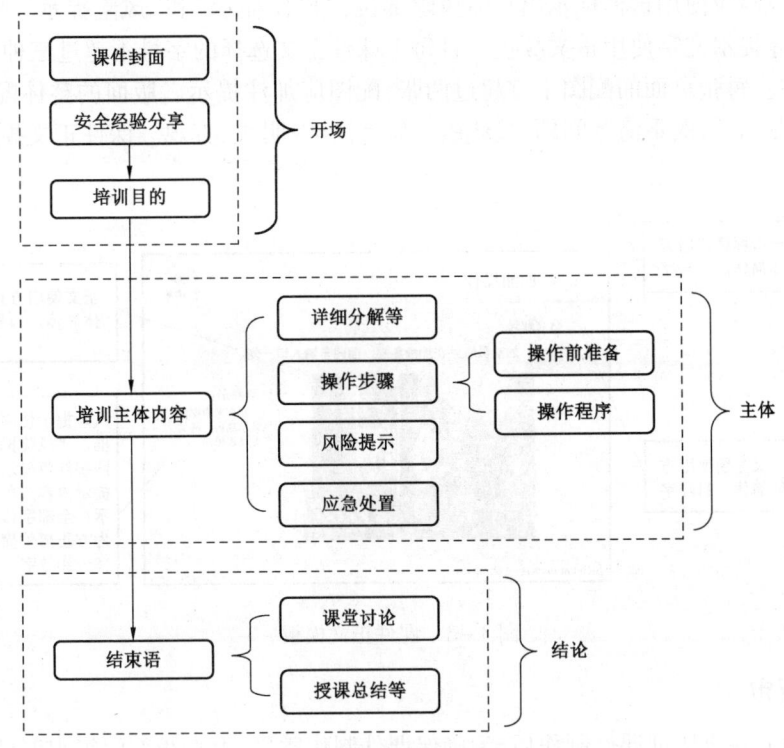

图 3-1 课件总体框架图

或深蓝色。题目下方标示编制单位,建议字体格式黑体或方正黑体简体,字体颜色黑色或深蓝色,28 号字。封面右上角标志宝石花标识。课件封面模板,如图 3-2 所示。

图 3-2 课件封面模板

（2）课件正文。版面简洁、明快,每张版面表达单一主题,字体字形应保持一致,文字尽量使用条目式,可顺序使用三级标题。其中一级标题字体使用黑体或方正黑体简体,黑色或深蓝色,字号选择 28~32 号字;二级标题字体使用黑体或方正黑体简体,黑色或红色,字号选择 24 号字;三级标题使用黑体或方正黑体简体,黑色或深蓝色,24 号字;正文的字体格式使用黑体或方正黑体简体,字号 20~24 之间;标注、表格内容使用黑体或方正黑体简体,字号 16~20

号之间;操作风险应使用黄框标示出具体风险部位,"操作提示"和"风险提示"四字应用红色字体强调,具体提示文字使用正文颜色。且每个课件正文选择的字号不超过三种,以保持整体风格一致为主。每张页面的配图不宜超过两张,配图应加注提示。版面的整体配色应避免繁杂、动画音效花哨、层次不清等问题,整体版面做到简洁、明快、直观。课件正文模板如图 3-3 所示。

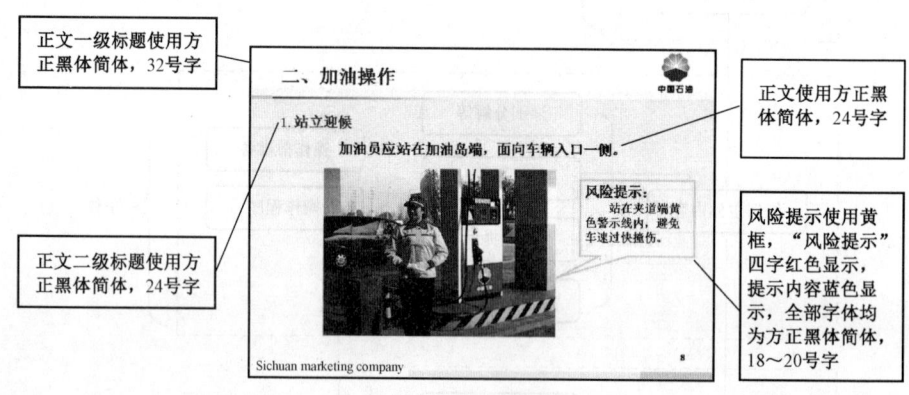

图 3-3 课件正文模板

4. 课件评审

课件编制人完成培训课件制作后,为确保课件制作质量,由直线部门组织课件评审。课件编制完成后,直线部门组织相关技术人员、加油站员工代表进行课件评审,重点关注课件内容的准确性、培训对象的适用性、课件表现形式的可感知性。课件编制人根据评审反馈意见修订完善后,提交直线部门做最后审查。评审标准见表 3-2。

表 3-2 HSE 培训课件评审标准

课件名称:			编制人:			
评审日期:			评审人:			
项目	考核内容及要求	分值	评分标准	扣分	得分	备注
课件结构	课件结构分明、内容编排合理,与培训主题结合紧密,符合课件总体框架,五要素齐全	10	不符合课件总体框架扣5分,要素不齐扣2分/处			
课件目标	培训对象明确,课件内容能密切联系培训对象的工作实践,与实际相符	5	培训对象不清、与实际不符扣5分			
	课件主题清晰,目标具体,能起到良好引导作用	5	培训目的不清扣3分,没有培训目的扣5分			
风险防控	取材于日常安全生产活动,紧扣安全生产管理重点和难点	5	不贴合日常安全生产扣5分			
	与员工岗位实际相结合,分解日常操作步骤,做出正确风险提示,落实合理控制措施,提升员工安全防控意识和技能	10	风险提示有误扣2分/处,控制措施不全扣2分/处			

续表

项目	考核内容及要求	分值	评分标准	扣分	得分	备注
课件规范	符合法律法规、国家和行业标准规范,遵从操作规程、操作卡等技术性资料和相关要求,符合常识,无科学性错误	10	不符合法律法规要求、国家和行业标准规范或未遵从操作规程、操作卡等扣5分/处,出现两处,课件则不予通过			
	用语规范标准,符合行业术语;语言描述准确,语句结构清晰,标点符号使用规范	2	标点符号乱用、语句结构混乱、意思表达不清扣0.5分/处			
课件内容	课件素材准备充分,能提供相应背景信息、相关数据等,帮助培训对象理解和掌握	3	课件背景信息含糊、数据虚假扣1分/处			
	课件案例讲究实证,案例选择具有典型性、代表性,能满足教学目标要求	10	案例不具有代表性扣5分,案例不真实扣10分			
	内容完整、严谨,表述准确,深入浅出、融会贯通	10	内容不完整严谨,表述错误扣5分/处;出现错别字扣2分/处			
	内容层次分明,逻辑顺畅,凸显关键知识点,重点内容分配时间合理	10	重点内容未突出扣5分,层次混乱、逻辑不清扣10分			
版面效果	版面设计简洁明快,布局合理,便于演示放映	5	版面不简洁扣2分,每张版面未表达单一主题扣3分			
	字体格式符合要求,色彩搭配合理协调,风格统一	10	课件中标题未按照顺序使用序号扣2分;正文字体未保持一致扣1分;背景和字体颜色过多扣2分;整体风格不一致扣1分			
	插图与内容相符,图片清晰	5	插图与内容不符扣5分;插图不清晰扣2分;使用违章图片扣5分			
	合计,分	100				
评审意见:						

注:评分低于80分则表示课件未能达到要求,不予通过。

5. 正式发布

培训管理部门应负责HSE培训课件的统一发布,发布途径可通过印发教材、单行手册或网络培训信息系统等方式。培训管理部门应根据加油站操作岗位HSE培训矩阵设计的课程目录,建立培训课件库,对课件建立目录,进行编号,便于检索和受控管理,确保使用者获取的培训课件均为有效版本。

三、培训课件组织保障

(1)明确编写责任。明确课件编写职责是落实HSE培训课件制作工作的基础,要保证培训课件与基层岗位的 HSE 培训矩阵能够配套实施。编写过程中,推行编写责任落实,通过分工负责的原则,形成具体工作具体抓,专项工作有人管的工作格局,为 HSE 培训课件的制作提供强有力的制度保障。

(2)制订编写方案。课件开发人员应对加油站的操作岗位 HSE 培训矩阵进行整体分析,按岗位、设备和经营管理对培训内容进行系统梳理,分别整理出共性和个性化培训内容,进行课程设计,建立 HSE 培训课件库目录,明确课件开发任务,分解落实编写人员,设定课件编制、评审和验收的时间节点,形成课件开发的工作方案,详见表3-3。

表3-3 加油操作服务人员 HSE 培训课件开发工作任务表

编号	课件名称	编制负责人	培训课时,min	完成时间	审核时间	评审专业部门	备注
1	反违章禁令	李××	30	××年××月	××年××月	仓储安全环保科	
2	安全用电常识	安××	30	××年××月	××年××月	仓储安全环保科	
3	灭火器材使用	宋××	30	××年××月	××年××月	仓储安全环保科	
……	……	……	……	……	……	……	
29	班结操作	李××	30	××年××月	××年××月	油气零售科	
30	日结操作	安××	30	××年××月	××年××月	油气零售科	
31	收银操作	李××	30	××年××月	××年××月	油气零售科	
……	……	……	……	……	……	……	
45	车辆事故应急处置	李××	30	××年××月	××年××月	仓储安全环保科	
46	火灾应急处置	安××	30	××年××月	××年××月	仓储安全环保科	
……	……	……	……	……	……	……	
76	监控设备维护保养	宋××	30	××年××月	××年××月	信息中心	
77	信息设备日常检查与维护	李××	30	××年××月	××年××月	信息中心	

注:培训课时单位为分钟(min)。

(3)提供资源保障。主要包括人力资源、技术资源、硬件资源和时间保障等。

① 人力资源:落实熟悉加油站技术知识、掌握加油站风险特点和具有丰富实际操作经验的人员参与课件编制工作,是保障课件开发质量的关键,一般包括技术、设备、HSE 管理人员和操作服务人员。

② 技术资源:各加油站的工艺设备、操作服务既有共性又有个性,培训管理部门应做好统筹协调,对共性项目做好技术共享,对个性项目落实到对口的基层单位或部门提供技术资源支持。

③ 硬件资源:编制课件需要保证电脑、照相机、摄像机等硬件资源,图片和视频制作需要基层单位和部门积极配合,提供实训设备或生产经营现场,以便模拟或实操取证。

④ 时间保障:课件开发需要编制人员投入相当的时间和精力,编制人所在单位或部门应做好编写组织和工作协调,合理分配、调整日常工作任务,确保编制人员有足够的时间专注于课件编制。

第二节　通用安全知识类课件编制

通用安全知识培训是企业安全生产管理工作的重要组成部分,针对加油站岗位 HSE 培训矩阵,开发配套的通用安全知识类培训课件,能够有效宣贯安全用电、危害因素识别知识、反违章禁令等安全环保基础知识和要求,让员工了解并掌握劳动防护用品使用等与安全环保生产密切相关的技能要求,进一步转变员工安全态度,提高安全意识,养成良好的安全行为习惯。

一、课件编制依据

通用安全知识类课件编制的主要依据包括但不限于:

(1)法律法规、成品油销售行业相关的技术标准和规章制度等政策性要求,使操作员工了解国家和行业有关安全环保管理的政策、方针等要求,强化员工安全环保意识,规范员工安全环保行为。

(2)成品油销售行业相关的安全技能知识,可涵括安全常识、应急管理、安全防护基础知识、事故案例及相关知识、技能类书籍等,使操作员工掌握安全生产所要求的基本技能知识,达到安全操作的基础要求。

根据课件的培训主题是对相关的法律法规、技术标准、危害因素辨识结果、技能类书籍等课件编制的技术性资料内容进行实用性筛选、梳理,确定培训的素材。以《灭火器材使用》课件编制为例,举例说明通用安全知识类课件的编制依据梳理过程,详见表 3-4。

表 3-4　通用安全知识类课件编制依据清单(示例)

序号	课件名称	编制依据				
		法律法规	行业标准	规章制度	相关书籍	事故案例
01	灭火器材使用	《中华人民共和国消防法》		中国石油四川销售分公司消防管理程序、消防设施器材管理办法		
......						

二、培训主体内容结构

通用安全知识类培训课件的编制应符合总体框架要求,其中培训主体内容应当包括但不限于:

(1)培训项目涉及的基本概念、常识;

(2)岗位日常生产操作涉及的与培训项目相关的应知应会知识;

(3)与加油站操作服务相关的生产经营岗位要求。

三、课件主体内容编制

为使课件编制人更好地理解、把握编写架构和内容,掌握编写方式和技巧,保证 HSE 培训课件编制的规范性、系统性和通用性,现以《灭火器材使用》培训课件为例,对通用安全知识类课件主体内容的编制要求做示范说明。

通用安全知识类课件编制应侧重理论知识与实际岗位相结合,《灭火器材使用》课件的主体结构(培训内容)分为三个部分,用醒目的字体或者颜色标注出将要讲述的内容,以起到提示作用,如图3-4所示。

图3-4 培训内容示例图

1. 灭火器适用范围

围绕培训主题,采用文字、图片、关键词突出、表格等方式阐明某项安全知识的含义、适用范围及其他相关要求。例如,示例课件用文字的方式,阐述灭火器的适用范围,并配以图片,让员工对常用的干粉灭火器、二氧化碳灭火器适用范围有一个较为全面、清晰的认识,如图3-5所示。

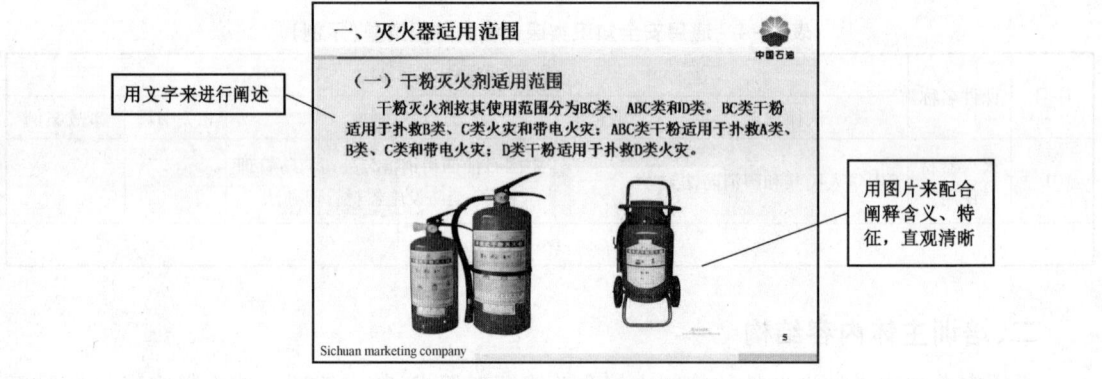

图3-5 灭火器适用范围示例图

2. 灭火器操作

本部分的内容主要是通过文字叙述来说明需要掌握的相关概念,通过详细阐述"做什么""怎么做",并配以图片,突出直观性,让员工对常用灭火器的使用方法有一个很清晰的认识,达到规范员工灭火器操作行为,提高应急处置能力,如图3-6所示。

3. 灭火器使用注意事项

课件中主要通过文字简要说明灭火器使用时需要注意的事项,并配以图片,突出直观性、细致性,如图3-7所示。

图 3-6　灭火器操作示例图

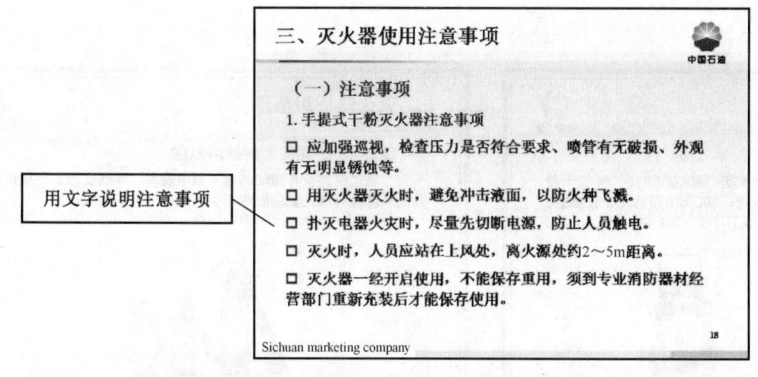

图 3-7　灭火器使用注意事项

四、课件编制实例

下面是以《灭火器材使用》为例,展示其课件。

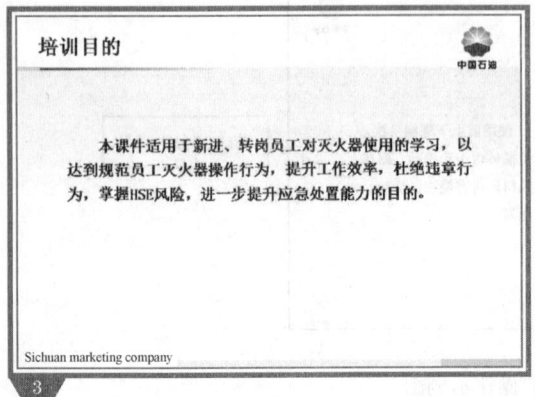

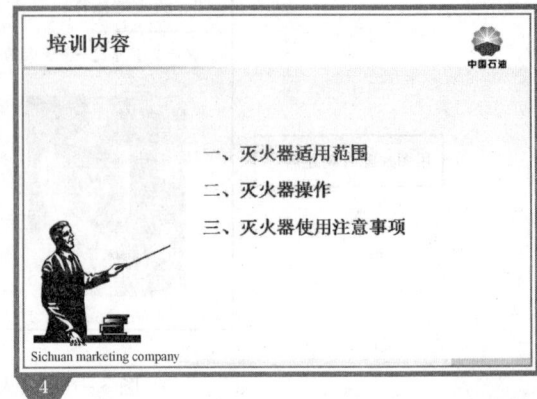

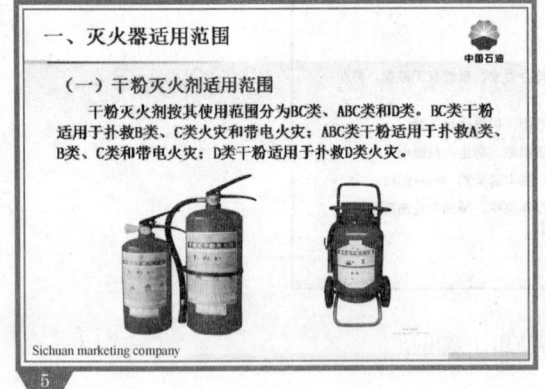

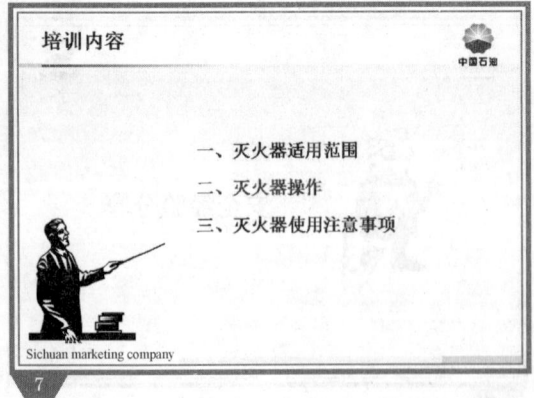

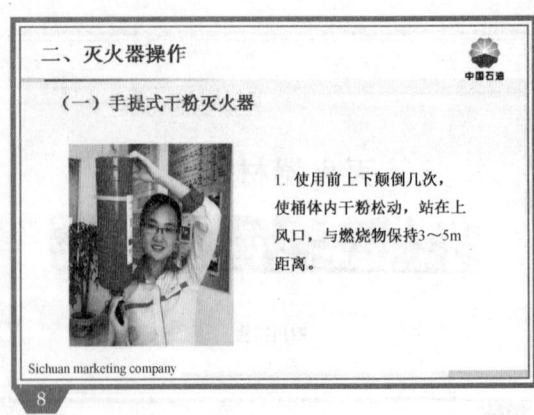

第三章 培训课件编制

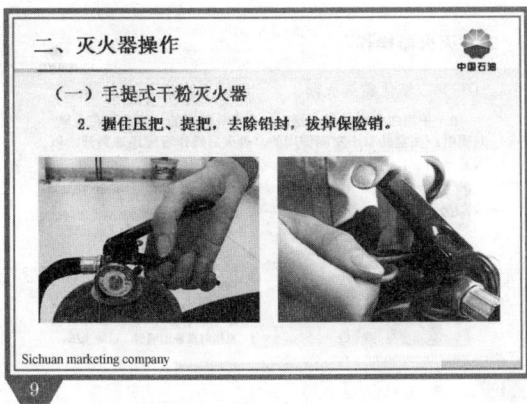

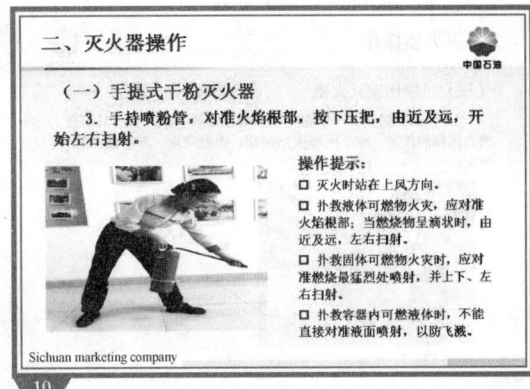

二、灭火器操作

（三）二氧化碳灭火器

2. 拔出保险销，一手握住喇叭筒根部的手柄，另一只手紧握启闭阀的压把，水平对准火焰根部，由近及远，左右摆动进行灭火。

操作提示：
对准火焰根部扫射

二、灭火器操作

（三）二氧化碳灭火器

3. 使用二氧化碳灭火器时，在室外使用的，应选择在上风向喷射；在室内窄小空间使用的，灭火后操作者应迅速离开，以防窒息。

操作提示：
- 灭火时站在上风方向
- 扑救液体可燃物火灾，应对准火焰根部；当燃烧物呈流状时，由近及远，左右扫射。
- 扑救固体可燃物火灾时，应对准燃烧最猛烈处喷射，并上下、左右扫射。
- 扑救容器内可燃液体时，不能直接对准液面喷射，以防飞溅。

培训内容

一、灭火器适用范围
二、灭火器操作
三、灭火器使用注意事项

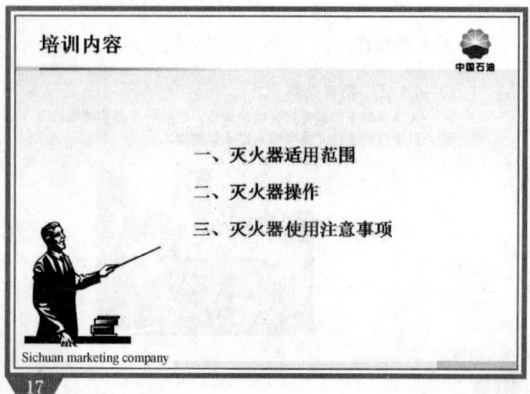

三、灭火器使用注意事项

（一）注意事项

1. 手提式干粉灭火器注意事项
- 应加强巡视，检查压力是否符合要求、喷管有无破损、外观有无明显锈蚀等。
- 用灭火器灭火时，避免冲击液面，以防火种飞溅。
- 扑灭电器火灾时，尽量先切断电源，防止人员触电。
- 灭火时，人员应站在上风处，离火源处约2～5m距离。
- 灭火器一经开启使用，不能保存重用，须到专业消防器材经营部门重新充装后才能保存使用。

三、灭火器使用注意事项

（一）注意事项

2. 手提式二氧化碳灭火器注意事项
- 灭火时，人员应站在上风处，离火源处约2～5m距离。
- 持喷筒的手应握在胶质喷管处，防止冻伤。
- 室内使用后，应加强通风。

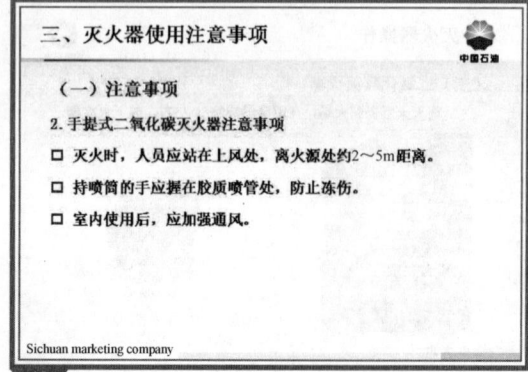

三、灭火器使用注意事项

（一）注意事项

3. 推车式干粉灭火器注意事项
- 应加强巡视，检查压力是否符合要求、喷管有无破损、外观有无明显锈蚀等。
- 需2人操作，防止喷管摆动，打伤人。
- 灭火时，喷管不能弯折或打圈。
- 用灭火器灭火时，避免冲击液面，以防火种飞溅。
- 扑灭电器火灾时，尽量先切断电源，防止人员触电。
- 灭火时，人员应站在上风处，离火源处约2～5m距离。
- 灭火器一经开启使用，不能保存重用，须到专业消防器材经营部门重新充装后才能保存使用。

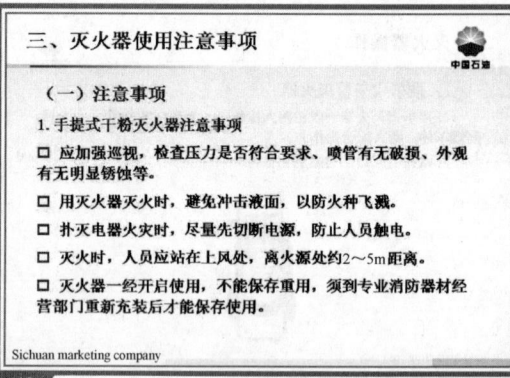
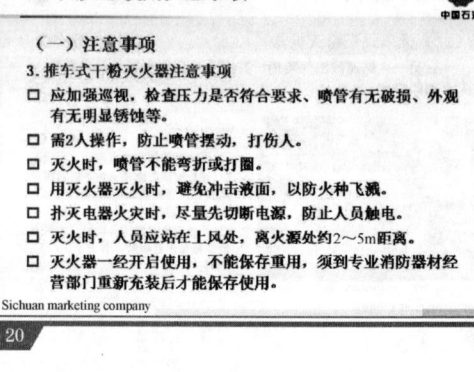

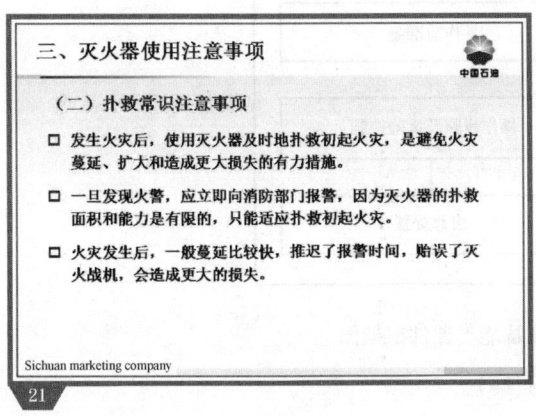

第三节 岗位基本操作技能课件编制

岗位基本操作技能类课件是基层岗位 HSE 培训课件中的个性化部分,是针对岗位涉及的日常操作而需要培训的内容。本类培训课件注重理论与实践相结合,培训重点是操作过程中的操作技术要求、现场危害因素识别、风险控制方法和应急处置措施,旨在培养员工良好的 HSE 意识和规范的操作行为,确保员工掌握岗位技能,熟知 HSE 风险,预防事故发生。

一、课件编制依据

岗位基本操作技能类课件编制的主要依据包括但不限于:
（1）加油站岗位日常生产作业活动使用的操作规程和工艺设备图等技术资料。
（2）岗位危害因素辨识评价的结果性资料,如岗位风险识别、工作前安全分析等。
（3）加油站管理规范、经营管理相关制度要求。
（4）加油站应急处置预案、岗位应急处置卡。

以课件《油品计量操作》为例,对课件培训主题相关的技术标准、技术资料、危害因素辨识评价结果、应急处置等技术文件进行梳理,确定培训素材,表 3-5 展示了素材梳理的思路和方法。

表 3-5 岗位基本操作技能类课件编制依据清单（示例）

序号	课件名称	技术标准	技术资料	危害因素辨识评价结果	应急处置
1	油品计量操作	—	油品计量操作规程	油品计量操作危害因素辨识评价结果	操作井内突发火灾的现场应急处置
……					

二、培训主体内容结构

岗位基本操作技能类课件的编制应符合总体框架要求,如图 3-8 所示,其中培训主体内容包括但不限于:

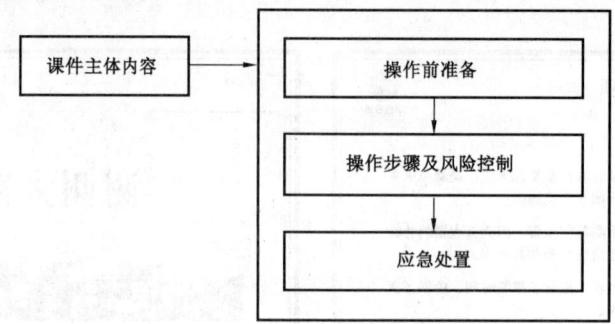

图3-8 岗位基本操作技能类课件框架图

（1）操作前准备（包括劳动防护用品和作业工具）。
（2）操作过程中的具体步骤、操作要点、风险防控。
（3）岗位应急处置总体要求，包括岗位涉及应急预案的职责、应急逃生及自救互救技能等。

三、课件主体内容编制

加油站岗位基本操作技能类培训课件主体内容应包括操作前准备、具体操作步骤及应急处置程序，在具体操作步骤中要突出体现操作过程中存在的风险及防范措施。以此来提高员工岗位风险识别与控制的能力，现以《油品计量操作》课件为例，对岗位基本操作技能类课件主体内容的编制要求做示范说明。

《油品计量操作》课件的主体内容分为三个部分：操作前准备、计量操作、应急处置，如图3-9所示。

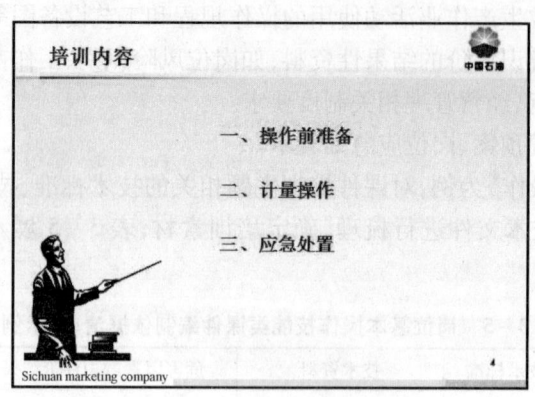

图3-9 主要培训内容示例

1. 操作前准备

操作前准备涉及劳动保护用品及作业工用具两个方面。劳动保护用品一般采用图示的方式示范劳动用品正确的穿戴方法及注意事项，作业工用具一般采用表格或图示的方式列举该项作业需要使用的工用具和数量，示例课件中介绍的内容要达到直观、一目了然，如图3-10所示。

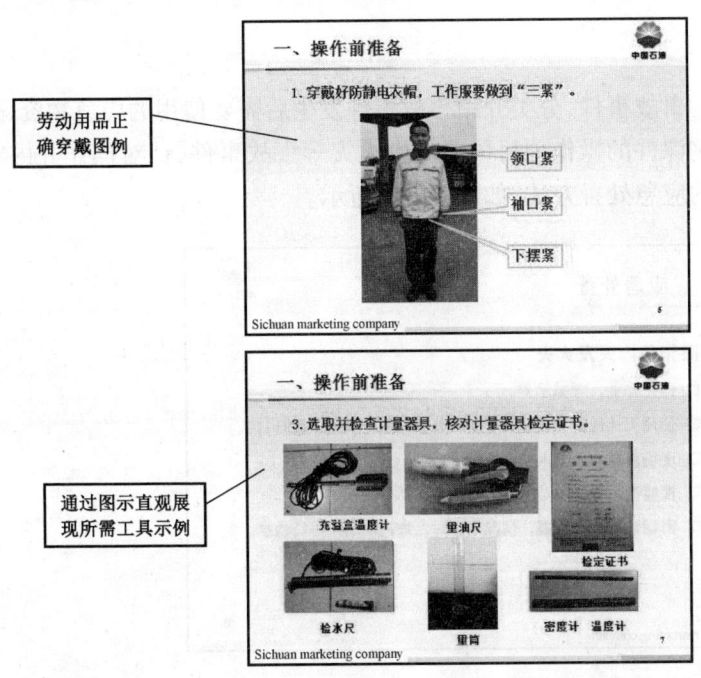

图 3-10 操作前准备示例图

2. 操作步骤

根据课件培训的操作项目,按操作步骤介绍操作要点、可能存在的风险和控制要求。尽量采用现场图片和文字相结合的方式描述,存在风险和控制措施要突出提示,如图 3-11 所示。

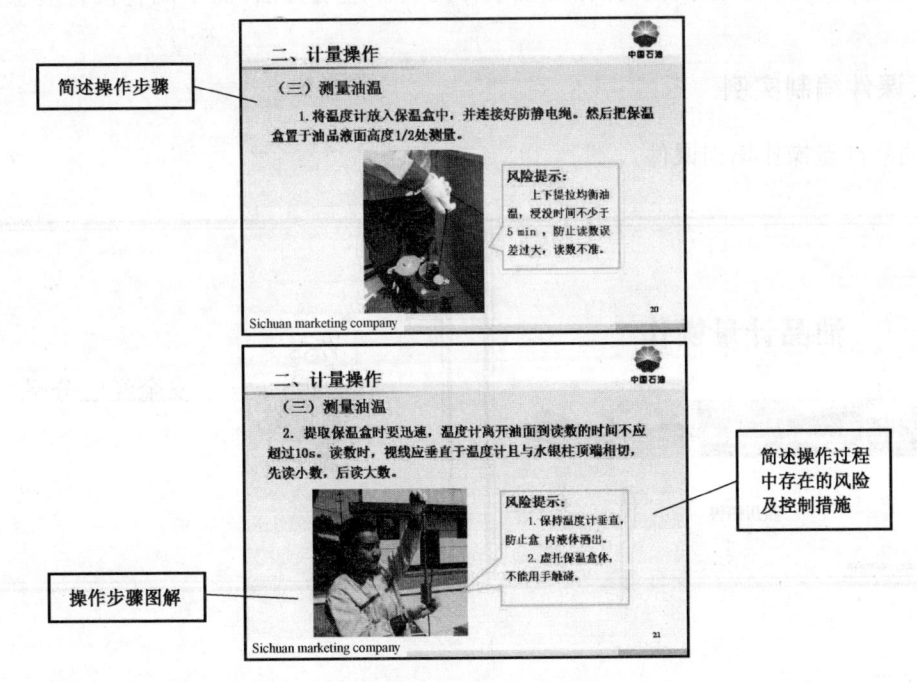

图 3-11 操作步骤示例图

3. 应急处置

针对该操作项目潜在的事故事件，分类介绍事故事件发生后需要使用的应急物资、采取的应急处置措施等内容。示例课件的操作项目可能发生火灾等事故事件，针对操作井内突发火灾事件阐述员工需要掌握的应急处置方法，如图 3-12 所示。

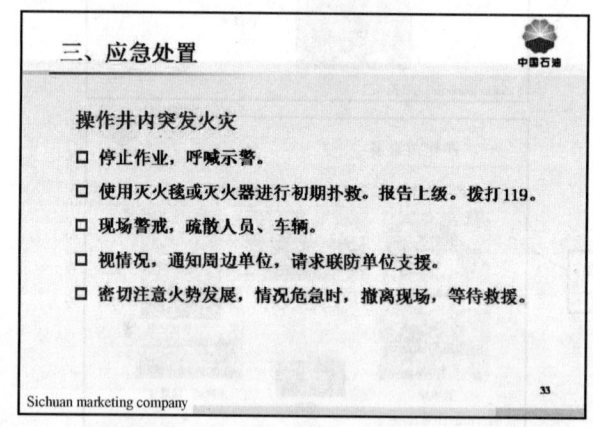

图 3-12　应急处置示例

四、注意事项

(1) 避免课件只注重操作步骤而忽视操作风险的提示和注意事项。

(2) 应急处置应是针对该项操作出现事件的具体应对方法，而不能直接将应急操作卡套用。

五、课件编制实例

1. 油品计量操作培训课件

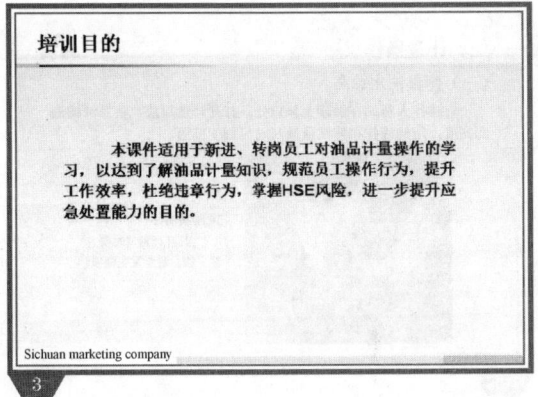
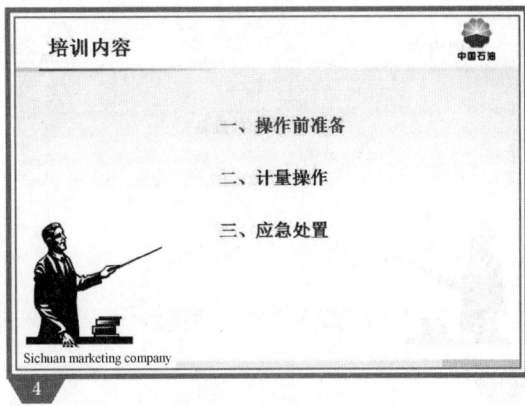

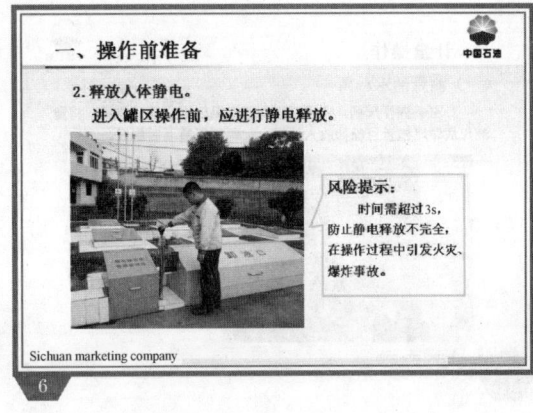
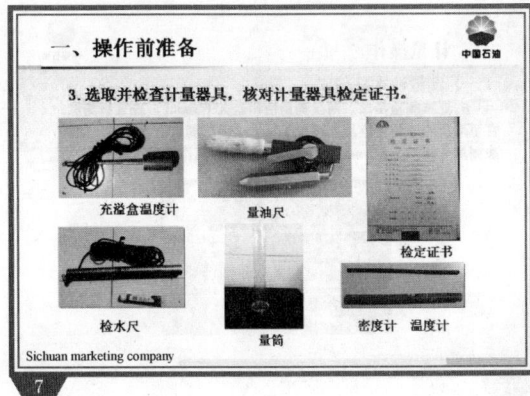

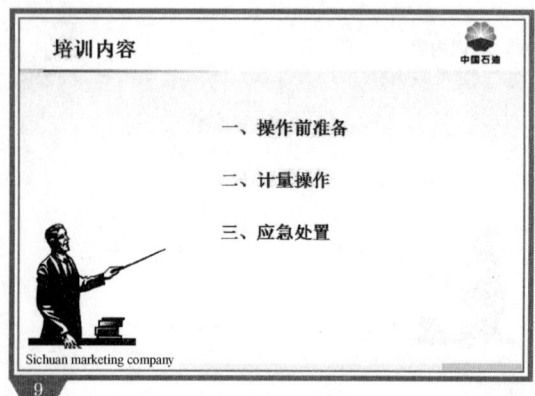

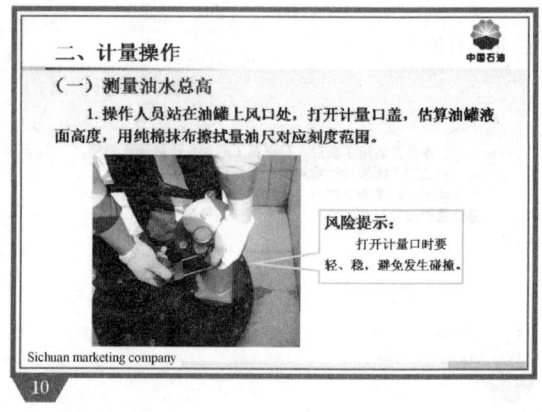

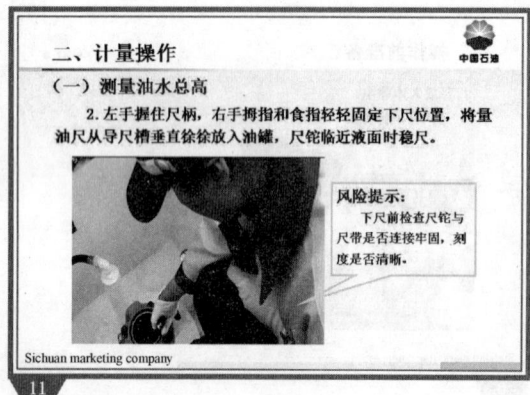

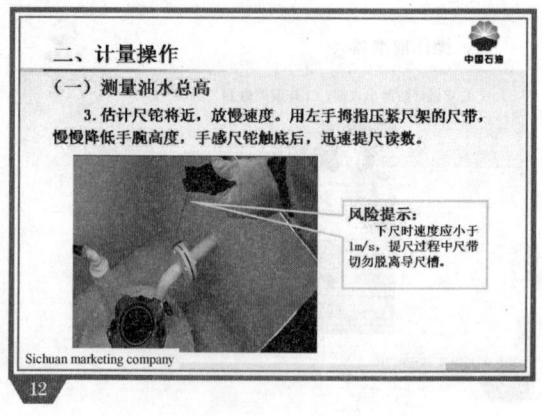

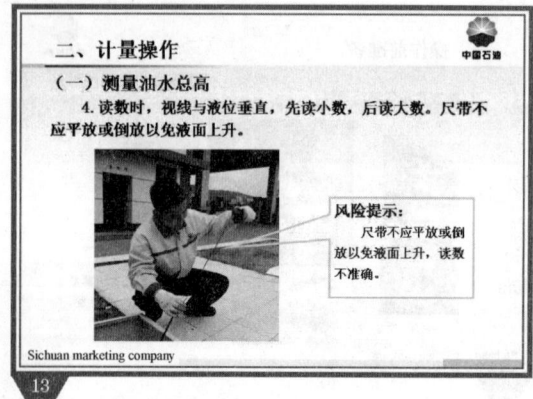

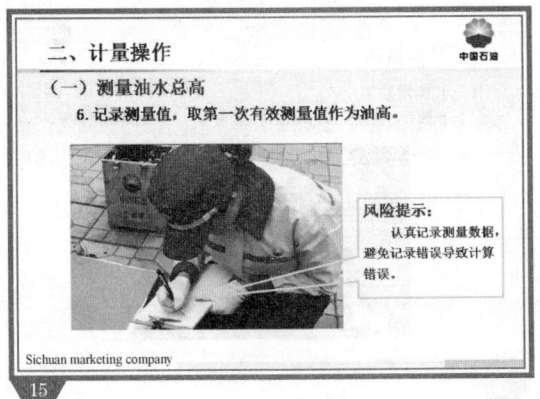

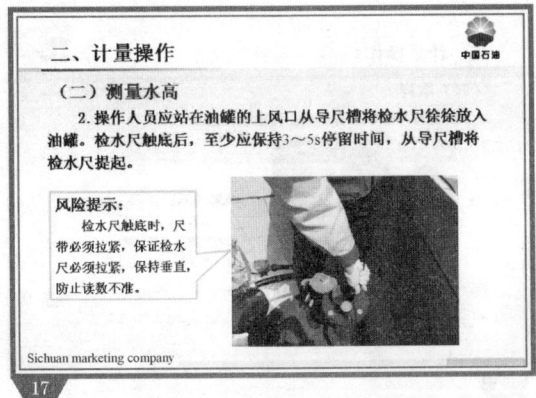
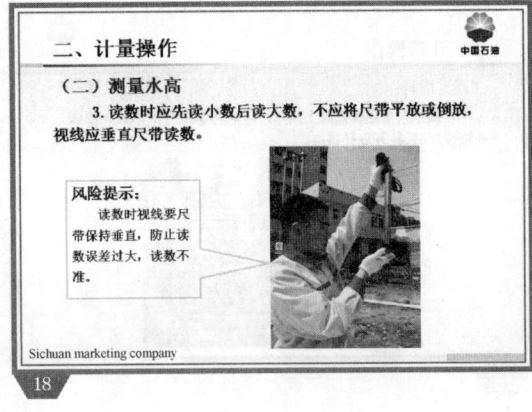

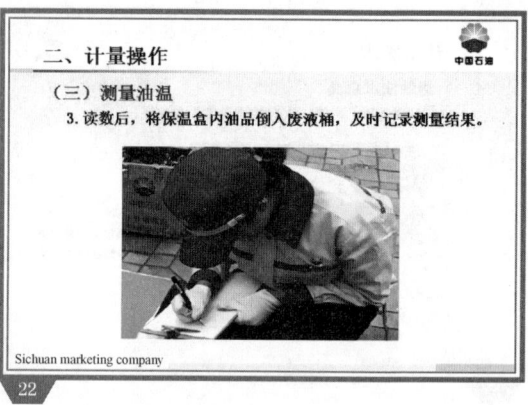

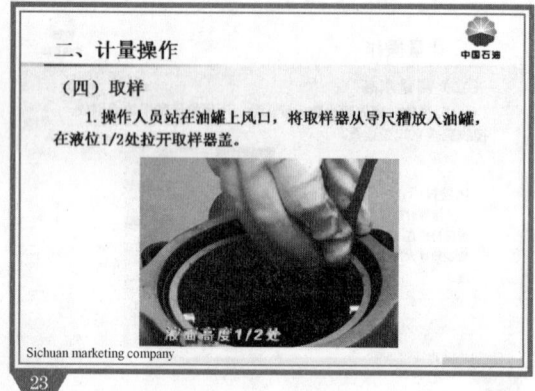

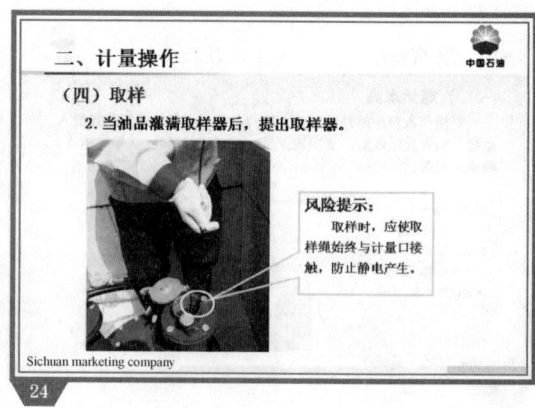

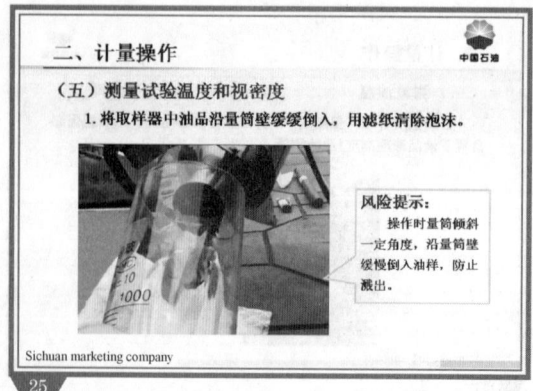

二、计量操作

（五）测量试验温度和视密度

3. 取出密度计并擦拭干净，将密度计放入油品试样中，松手前轻轻转动密度计干管。

风险提示：
松手后密度计起伏不能超过两个最小分度值。

二、计量操作

（五）测量试验温度和视密度

4. 读取试验温度、视密度。待密度计稳定后，先读密度计，后读温度计；密度计读数时，视线略低于液面，然后缓慢向上，当视线看到液面一个很小的椭圆时，按视线与弯月面下缘相切的点读数。温度计读数是视线与读数位置垂直，先读小数，后读大数。

风险提示：
密度计示值读至0.1kg/m³，温度计读至0.1℃。

二、计量操作

（五）测量试验温度和视密度

5. 取出密度计和温度计并擦拭干净后，按上述方法重新测量。连续两次测定温度差不能超过0.5℃，密度差不能超过0.5kg/m³，否则应重新测定。

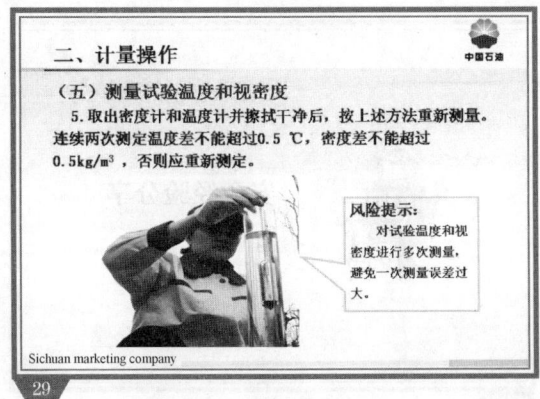

风险提示：
对试验温度和视密度进行多次测量，避免一次测量误差过大。

二、计量操作

（五）测量试验温度和视密度

6. 记录、复核测量数据。

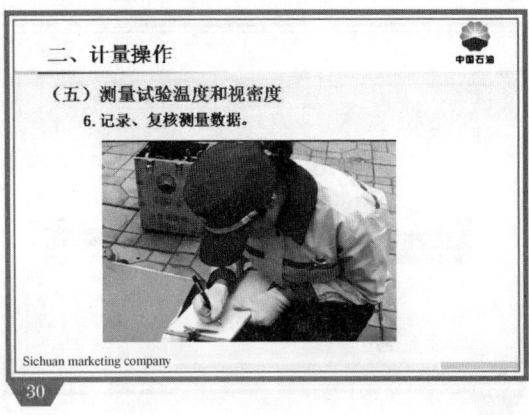

二、计量操作

（六）清理现场

1. 油样倒入废油桶，关闭计量口，计量器具归位，对现场卫生进行清理。

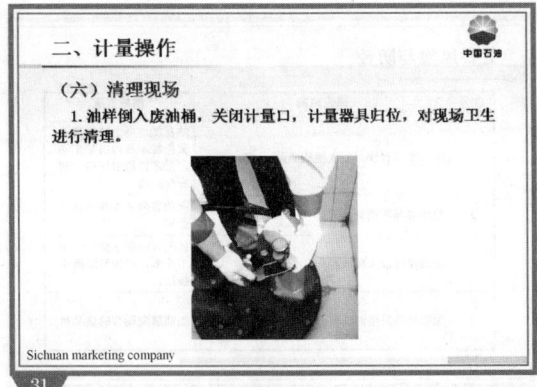

二、计量操作

（七）计算

根据测量结果对应查出体积、标准密度、体积修正系数等，使用内插法列式并计算。

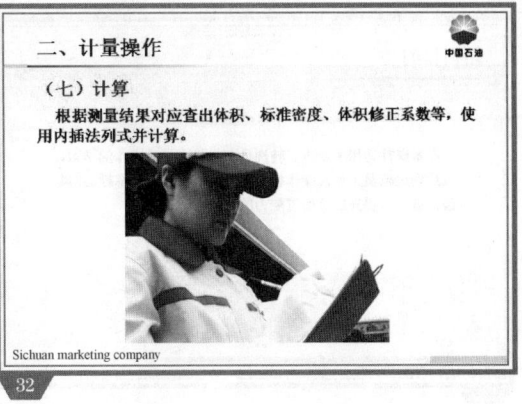

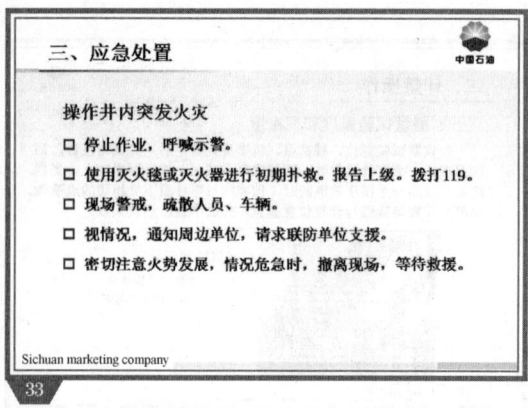

2. 普通加油操作培训课件

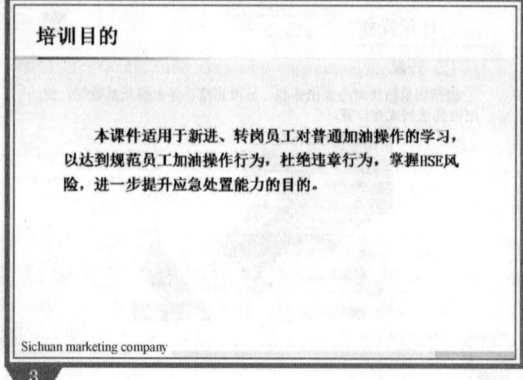

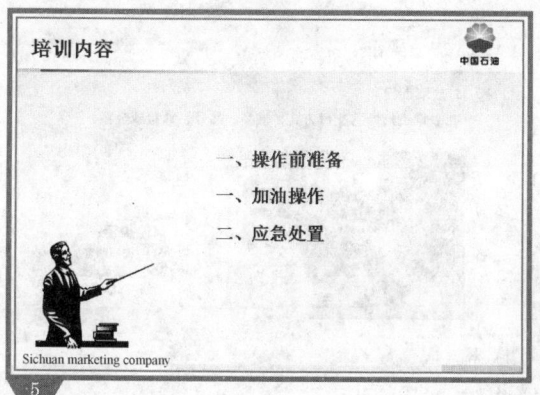

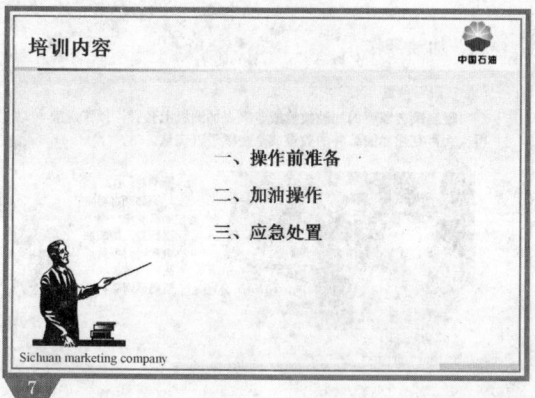

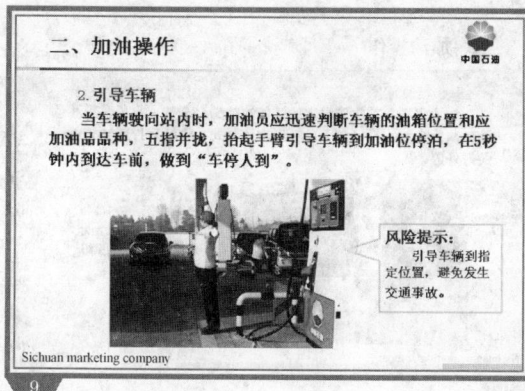
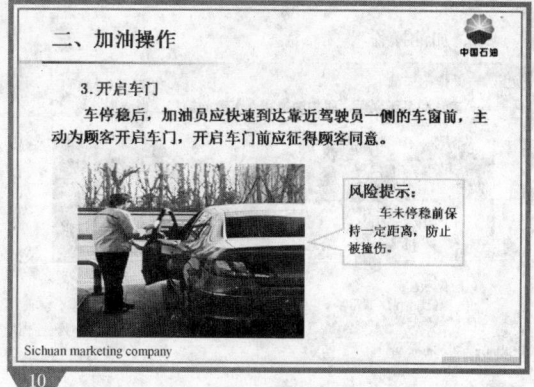

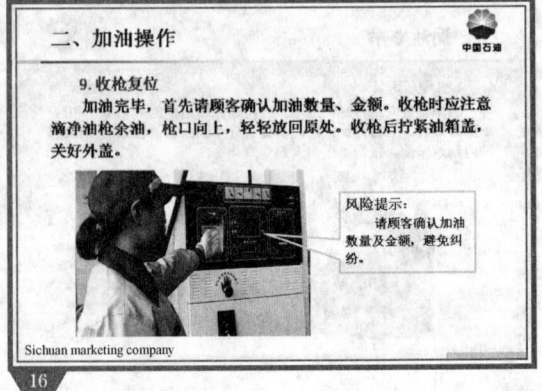

二、加油操作

9. 收枪复位

收枪时应注意滴净油枪余油，枪口向上，轻轻放回原处。收枪后拧紧油箱盖，关好外盖。

风险提示：枪口向上，避免将油枪对准顾客。

风险提示：检查确认油枪"卡子"回位。

二、加油操作

10. 简易擦车

加油员应先询问顾客是否需要简易擦车服务，顾客同意后，加油员可在顾客交款间隙里进行。

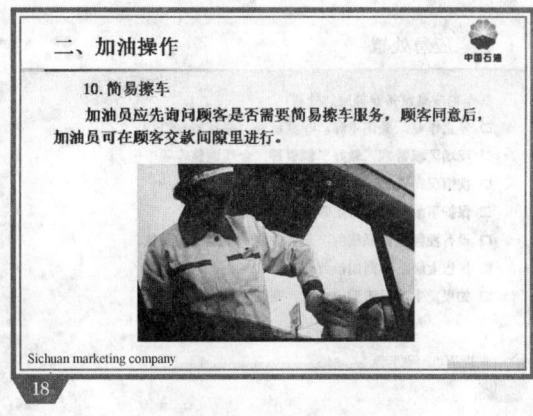

二、加油操作

11. 提示付款

加油完毕后，集中收款的加油站，加油员应礼貌告诉顾客所加油品的加油枪号、品种、油数量和需付金额，然后主动向顾客指示付款地点，礼貌提醒顾客携带好贵重物品关好车门，目送客户到营业室（便利店），付款后，客户将付款凭证返回。如果顾客要求加油员代收款时，加油员收款时应唱收唱付，收款后快速到营业室付款。

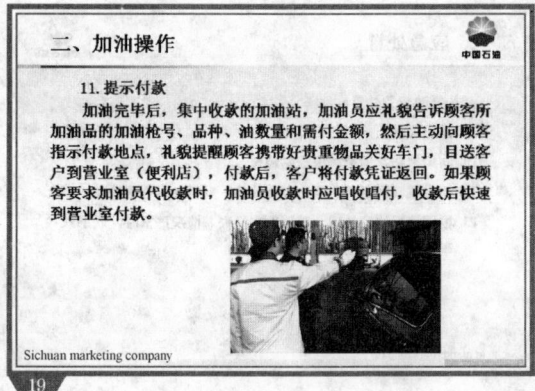

二、加油操作

12. 礼貌送行

确认顾客付完款后，加油员应礼貌地与顾客道别。

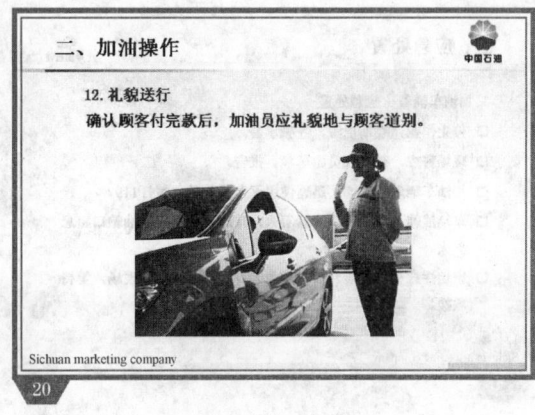

二、加油操作

13. 盘整清洁

如果没有下一个顾客，则按照要求盘整加油枪胶管，清理场地，等候下一位顾客的到来。

风险提示：盘整胶管并置于加油岛上，避免车辆碾压。

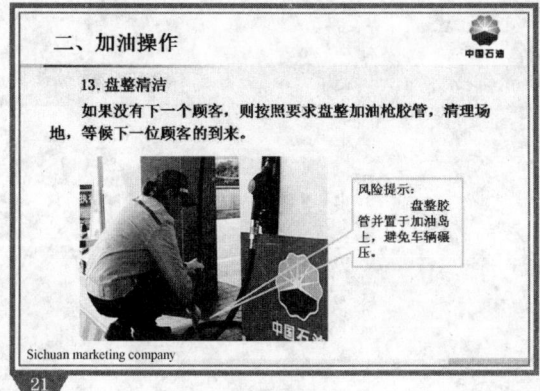

培训内容

一、操作前准备

二、加油操作

三、应急处置

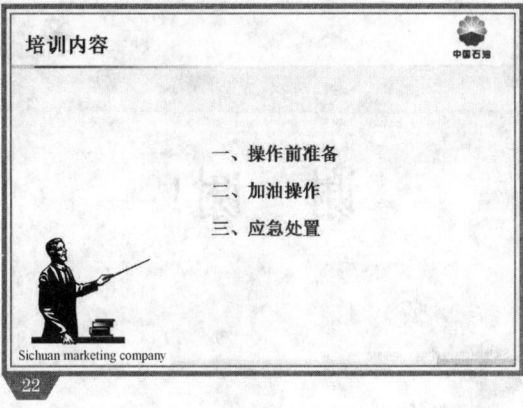

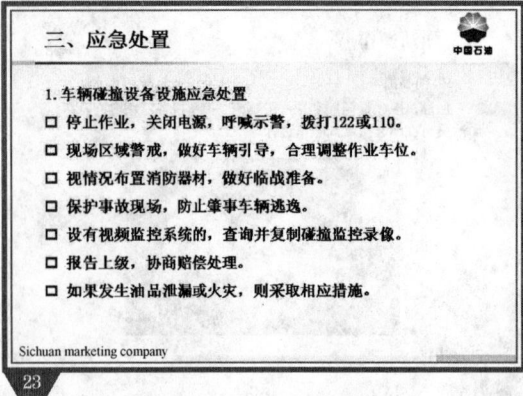
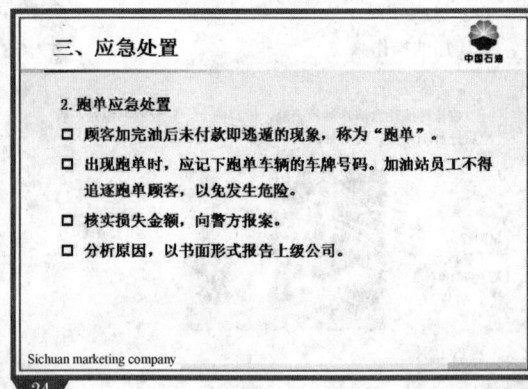
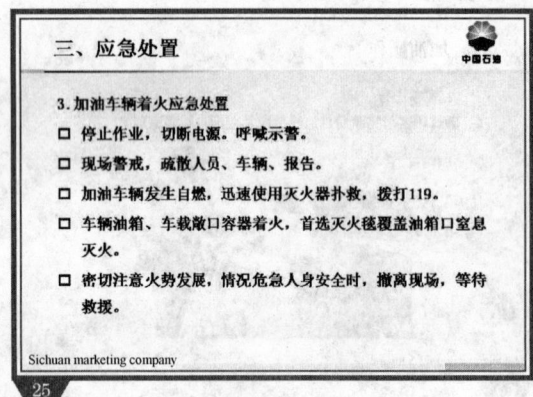
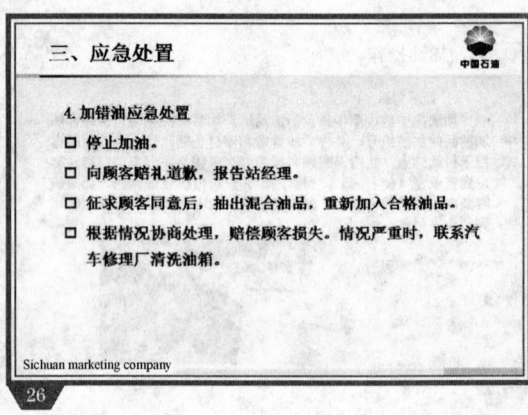

第四节 生产受控管理流程课件编制

生产受控管理流程课件是针对加油站员工日常生产经营作业活动应执行的受控管理要求而需要培训的内容。本类培训课件立足于员工岗位的属地管理职责,介绍了受控管理总体流程,重点培训与员工岗位相关的受控管理内容,帮助员工理解企业的受控管理制度,掌握岗位履责的受控管理要求和安全环保技能,形成良好的安全行为规范。

一、培训课件编制依据

生产受控管理流程培训课件编制的主要依据包括但不限于:

(1)企业有关生产受控的管理制度,使员工了解企业对生产受控的管理要求,掌握岗位属地管理职责。

(2)生产作业过程中常见问题示例分析或典型事故事件案例展示。

(3)HSE 审核或监督检查的报告。

根据课件的培训主题,对企业有关生产受控的管理制度、事故事件案例、HSE 审核或监督检查报告等文件资料进行筛选、梳理,确定培训的素材。以《高处作业管理》课件编制为例,举例说明生产受控管理流程培训课件的编制依据梳理过程,详见表 3-6。

表 3-6 生产受控管理流程类课件编制依据清单(示例)

序号	课件名称	编制依据		
		规章制度	典型案例	HSE 审核/监督报告
01	高处作业管理	四川销售公司《高处作业管理规定》	"7.3"承包商高处坠落亡人事故	—
……				

二、课件主体内容结构

生产受控管理流程课件的编制应符合总体框架要求,如图 3-13 所示,其中培训主体内容包括但不限于:

(1)受控管理项目涉及的基本定义和术语。

(2)对于流程性的受控管理制度进行概况性总述,让员工对管理流程有清晰的认识。

(3)岗位员工应执行的受控管理要求。

(4)岗位员工需掌握的属地管理技能。

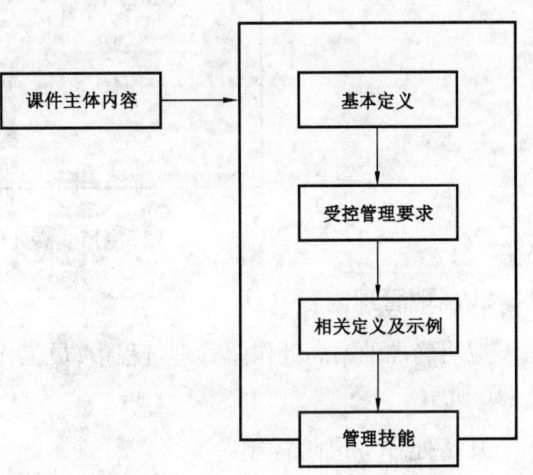

图 3-13 生产受控管理流程课件框架图

三、课件主体内容编制

围绕受控管理流程,生产受控管理流程课件的主体内容应侧重于加油站岗位员工需要执行的受控管理要求,以及相应的作业或监督管理技能。现以《高处作业管理》课件为例,对生产受控管理流程课件主体内容的编制要求做示范说明。《高处作业管理》课件主体内容分为四个部分,如图3-14所示。

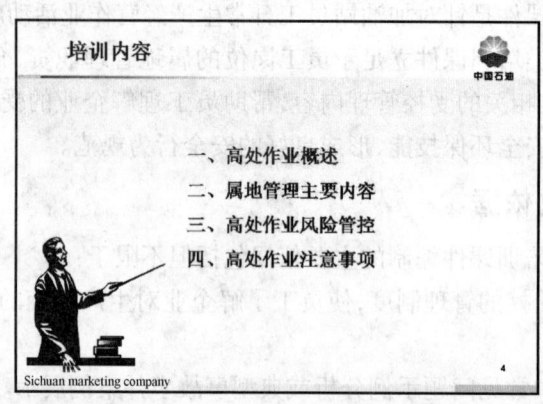

图3-14 主要培训内容示例图

1. 高处作业概述

编制时针对加油站高处作业的主要内容和特点,介绍员工需要了解或掌握的相关术语和定义,如高处作业的定义、分级等内容,并尽量采用图片图示加以补充说明,使其形象化、具体化,加深员工的理解。如图3-15所示。

图3-15 高处作业概述示例图

2. 属地管理内容

应明确加油站高处作业管理过程中,员工作为属地主管履行监管职责的主要内容。如图3-16所示。

3. 高处作业风险控制

针对高处作业现场风险管控,从防护用品、设施设备管理两个方面介绍员工需要掌握的技能和知识,并配以图片,突出直观性,帮助员工掌握高处作业现场管控要求。如图3-17所示。

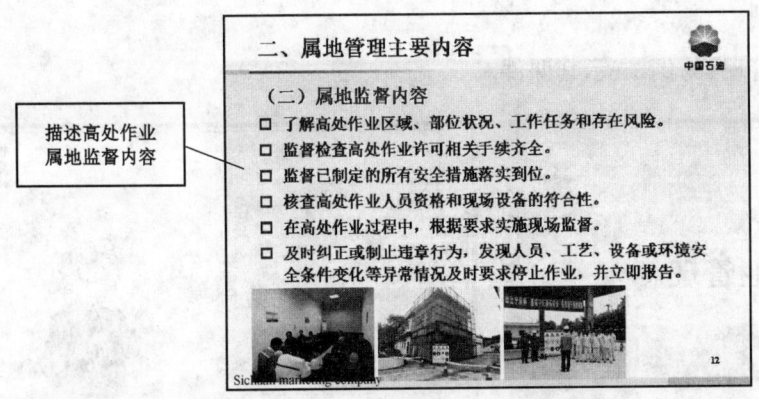

图 3-16　属地管理内容示例

图 3-17　高处作业风险控制示例

4. 高处作业注意事项

本部分列举高处作业实施过程中需要注意的事项，提示员工相关风险，主要从人的不安全行为、物的不安全状态和作业环境控制等方面进行阐述，如图 3-18 所示。

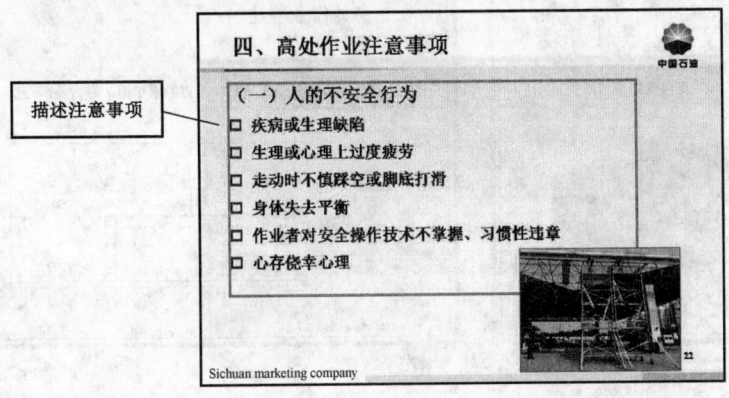

图 3-18　高处作业注意事项

四、课件编制实例

下面以《高处作业管理》为例,展示其课件。

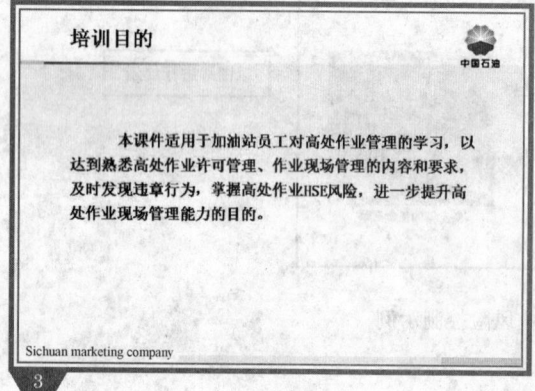

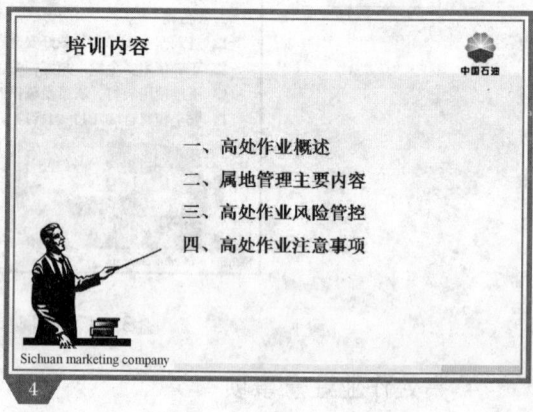

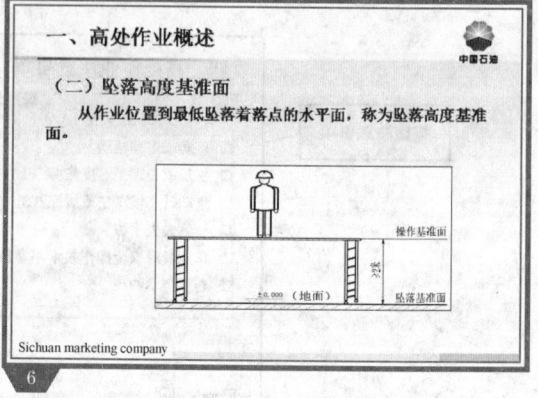

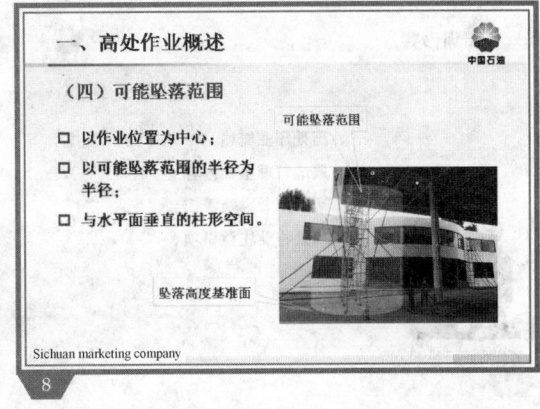

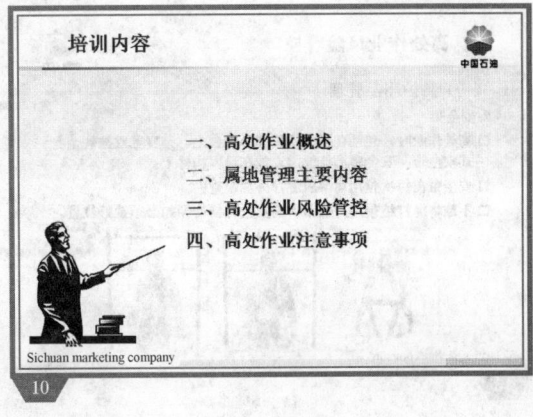

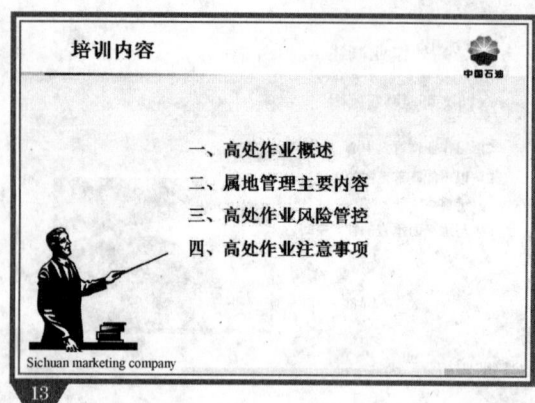

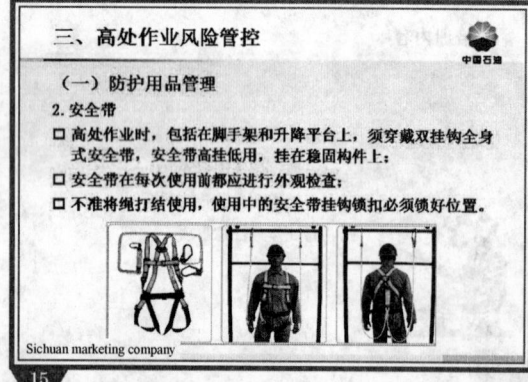
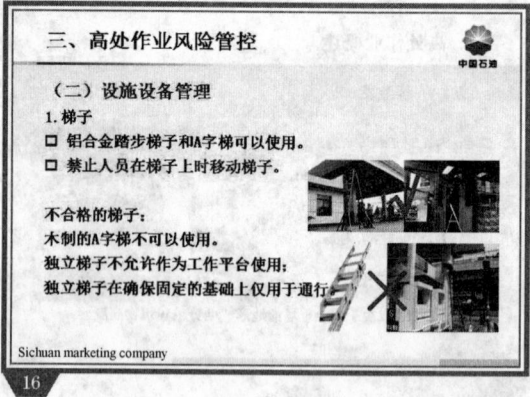
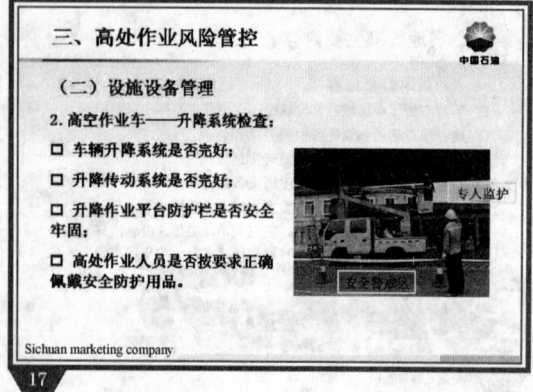
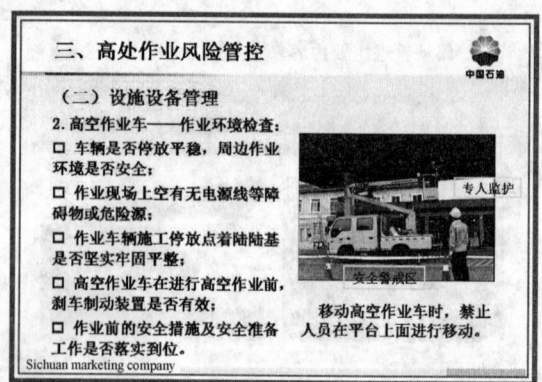

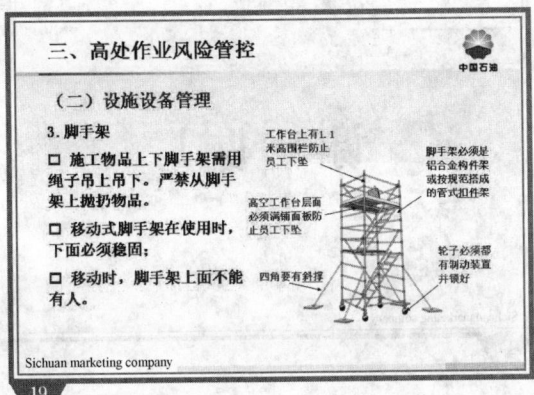

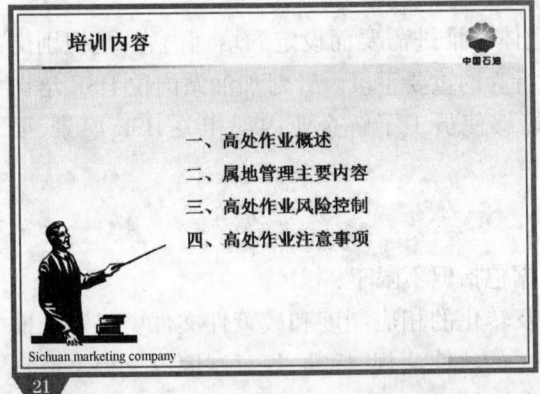

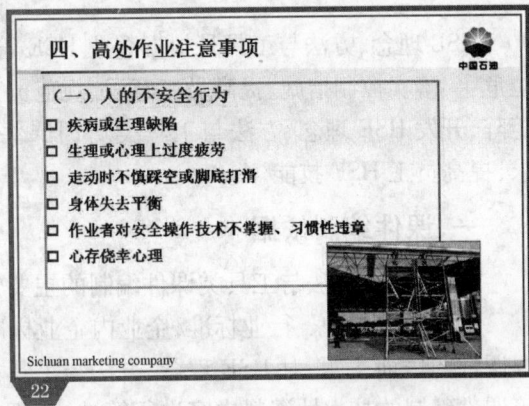

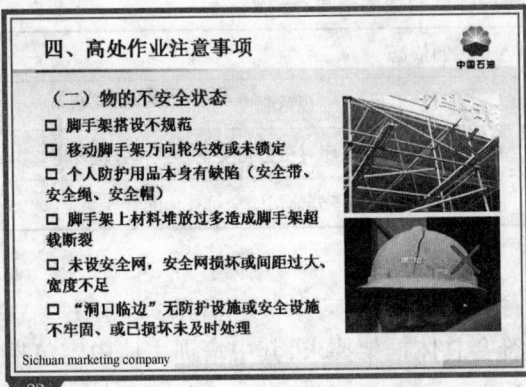

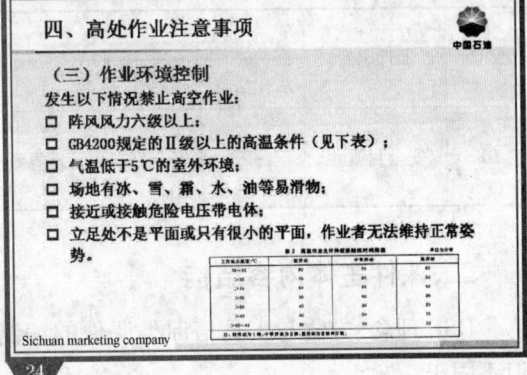

第五节 HSE 理念、方法与工具类课件编制

HSE 理念、方法与工具是根据企业 HSE 管理体系推进需要而设定的培训内容,是识别岗位危害、落实控制措施、提高员工意识、规范员工行为的重要手段。针对加油站岗位 HSE 培训矩阵,开发 HSE 理念、方法与工具类培训课件,能够使员工了解企业内部相关 HSE 愿景、要求,提高员工 HSE 技能。

一、课件编制依据

HSE 理念、方法与工具类课件编制的主要依据包括但不限于：

法律法规,国家、行业标准,企业内企业标准及转化的相应制度和政策性文件资料等。根据课件的培训主题,对 HSE 理念、方法与工具相关的法律法规、标准、规章制度以及相关资料等课件编制的技术性资料内容进行筛选、梳理,确定培训素材。以《安全目视化》课件编制为例,举例说明 HSE 理念、方法与工具类课件的编制依据梳理过程,见表 3-7。

表 3-7 HSE 理念、方法与工具类课件编制依据清单(示例)

序号	课件名称	编制依据		
		法律法规	标准	规章制度
01	安全目视化	—	安全目视化管理导则	中国石油天然气集团有限公司安全目视化管理规定
				中国石油四川销售分公司安全目视化的管理规定

二、课件主体内容结构

HSE 理念、方法与工具培训类课件的编制应符合总体框架要求,其中培训主体内容包括但不限于：

(1) HSE 管理理念、方法与工具的实施目的。

(2) HSE 管理理念、方法与工具的含义。

(3) HSE 管理理念、方法与工具的作用。

(4) HSE 管理理念、方法与工具的管理要求、实施方法和注意事项等。

三、课件主体内容编制

为使课件编制人更好地将 HSE 理念、方法与工具这一概念的具体内容融入课件中,更好地理解、把握编写架构和内容,掌握编写方式和技巧,让 HSE 理念、方法与工具类课件更加规范,现以《安全目视化》课件为例,对课件的主体内容编制要求做示范说明。《安全目视化》课件主体内容分为三个部分,如图 3-19 所示。

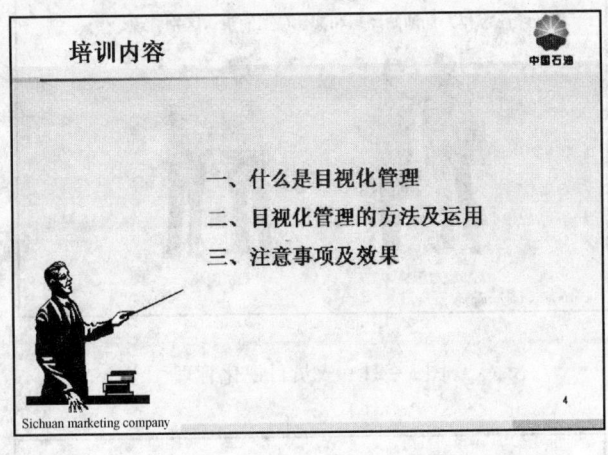

图 3-19 主要内容示例

1. 什么是目视化管理

通过阐述目视化管理的意义、作用、适用范围,让员工了解推行目视化管理的重要性,提升工作现场的安全管理绩效,强化现场安全管理,如图 3-20 所示。

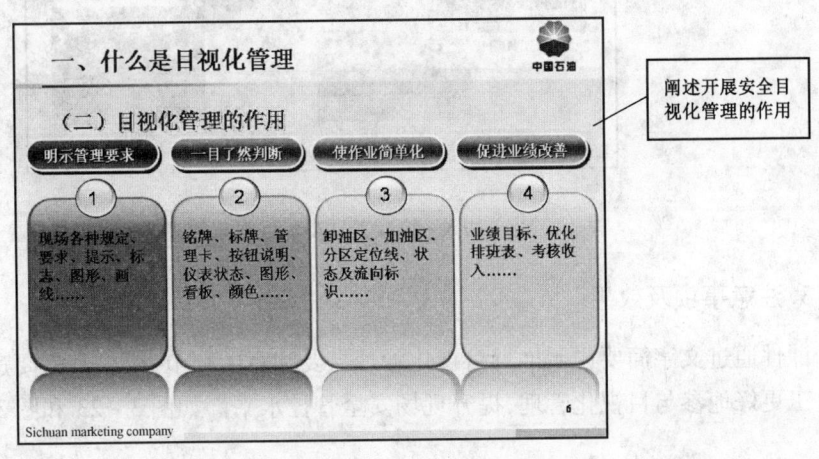

图 3-20 安全目视化管理作用

2. 方法及运用

结合加油站细节管理标准、定置管理标准、基层站队 HSE 标准化建设等要求，从人员、工具设备、工艺、作业场所管理等方面分类进行陈列阐述，并配以直观的图片进行展示，简要说明目视化管理的方法与运用。如图 3-21 和图 3-22 所示。

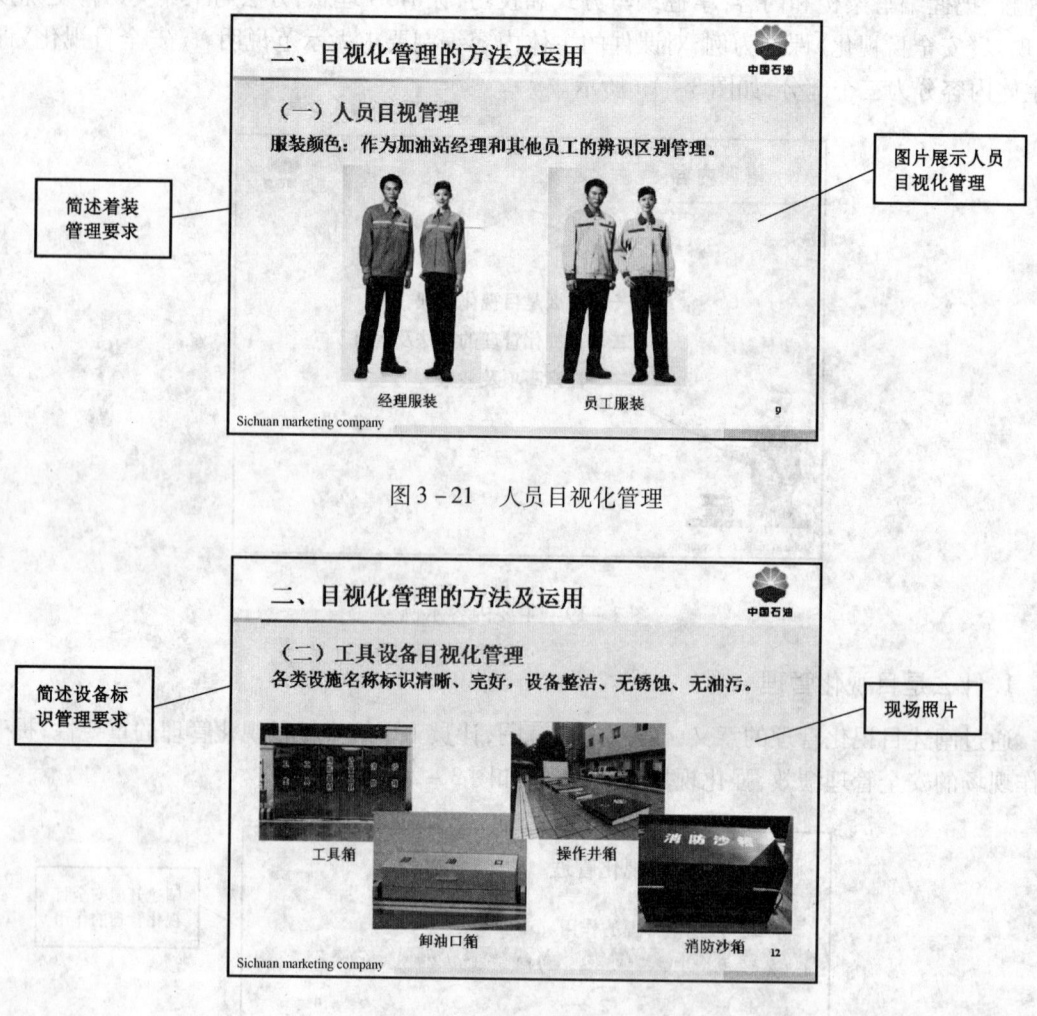

图 3-21 人员目视化管理

图 3-22 工具设备目视化管理

3. 注意事项及效果

课件通过文字简要说明推行目视化管理需要注意的环节、要求及需要达到的管理效果，指导员工更好地参与目视化管理，提升现场安全管控水平。如图 3-23 和图 3-24 所示。

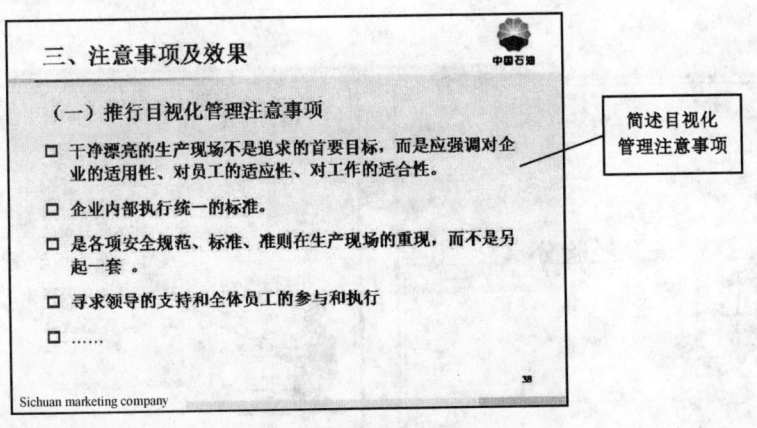

图 3-23　推行目视化管理注意事项

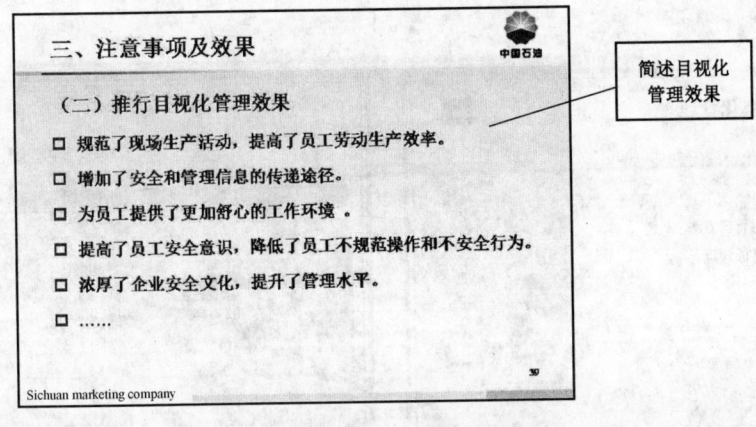

图 3-24　推行目视化管理效果

四、课件编制实例

以《安全目视化》为例，展示其课件。

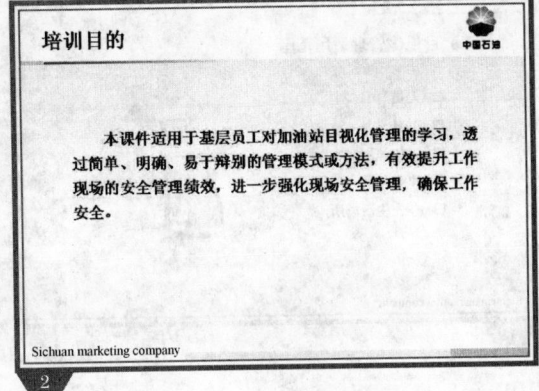

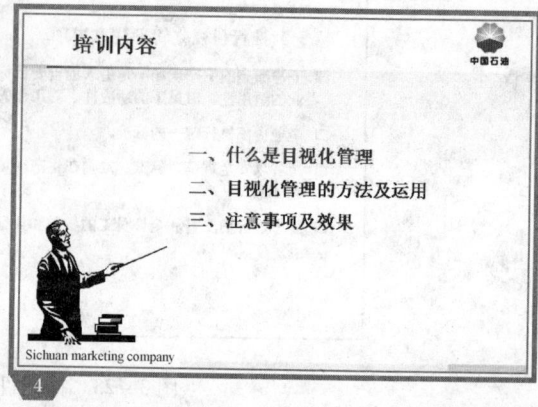
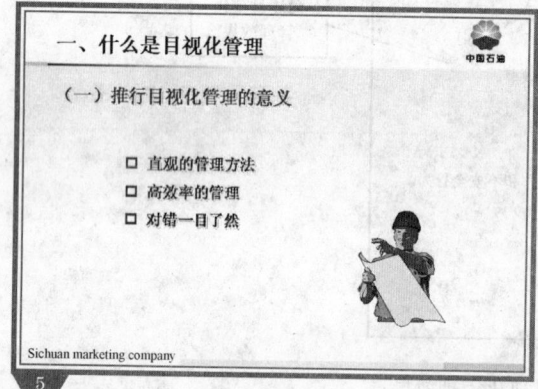
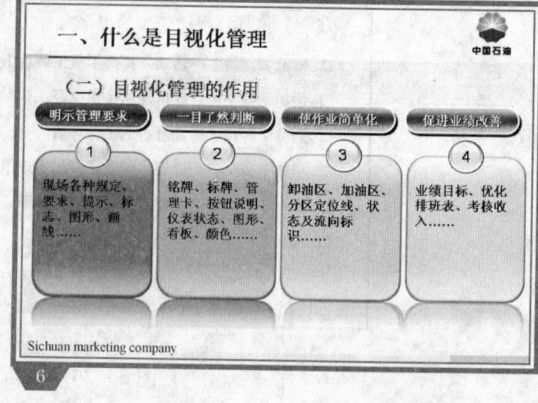

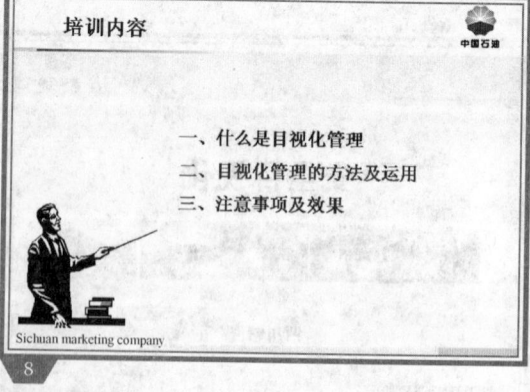

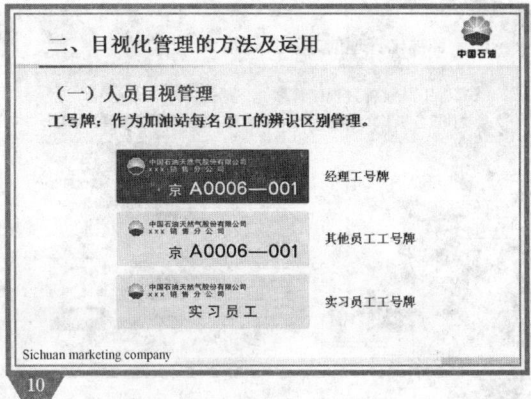
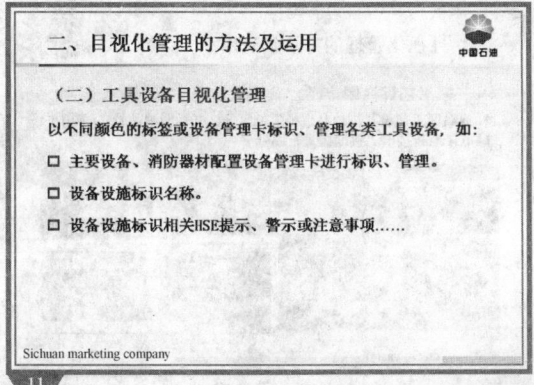
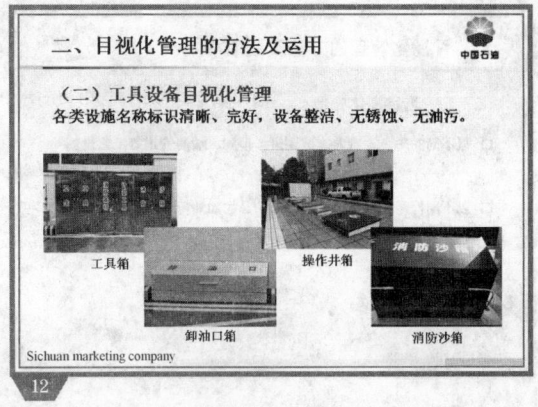
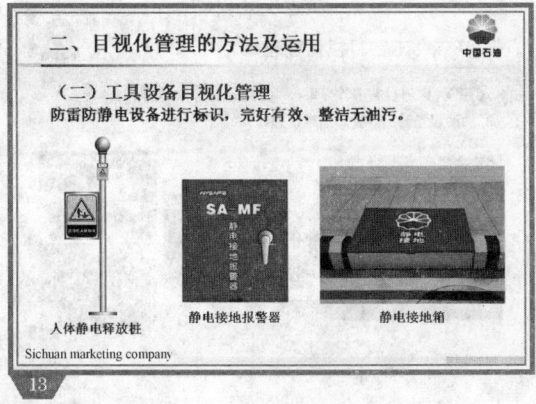

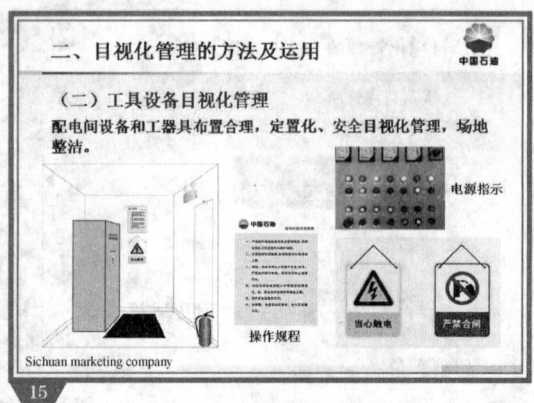

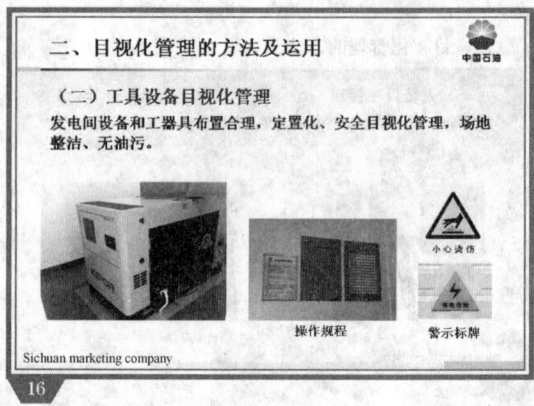

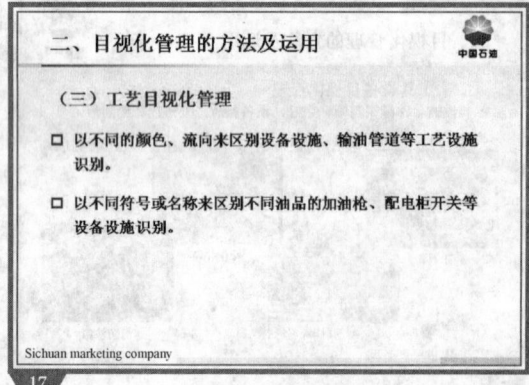

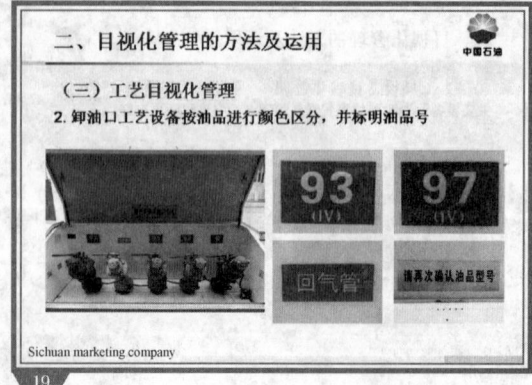

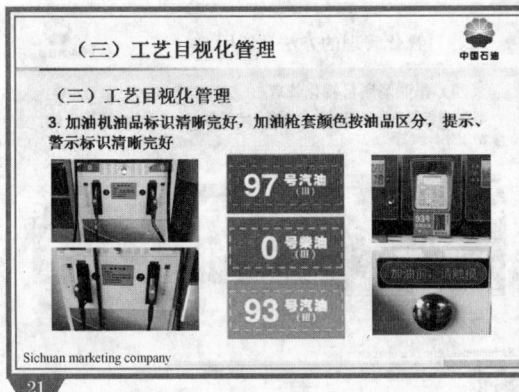
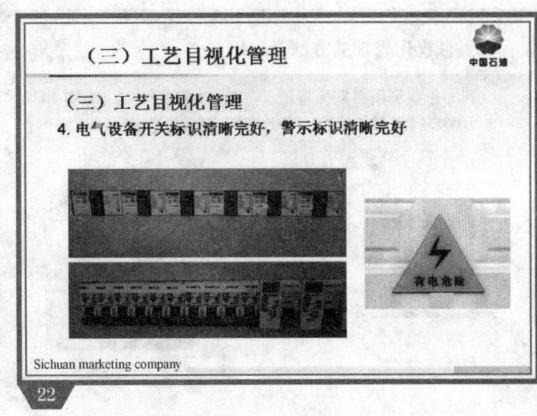
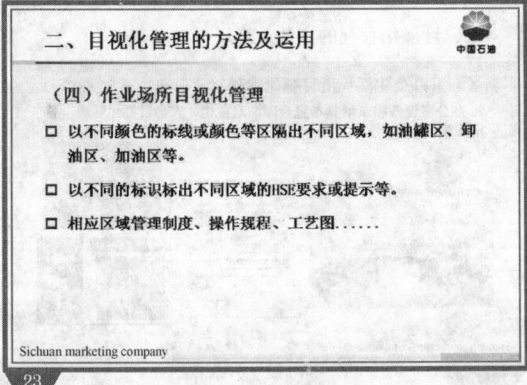
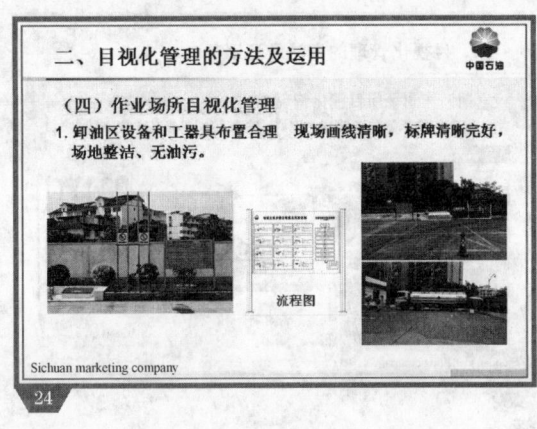

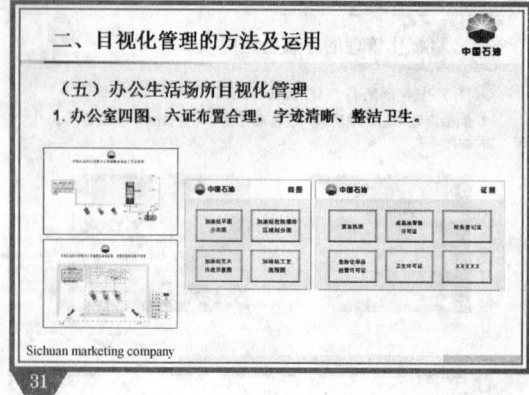

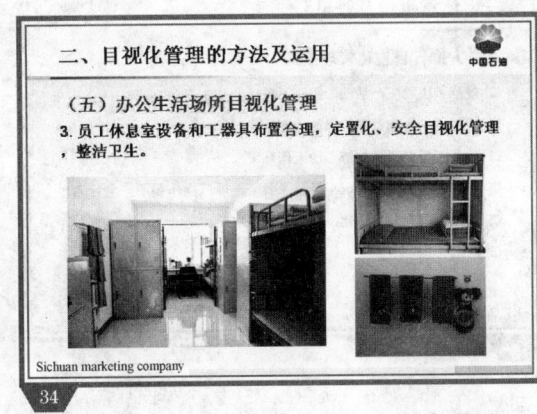

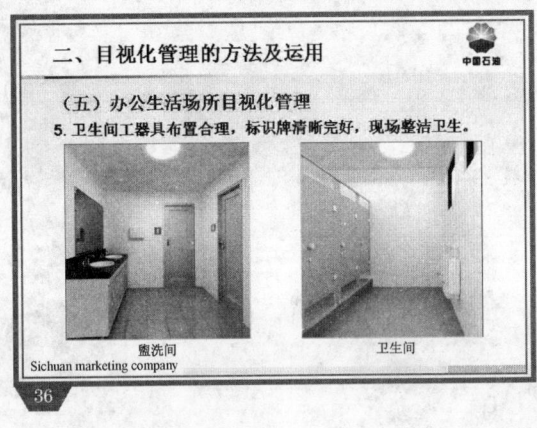

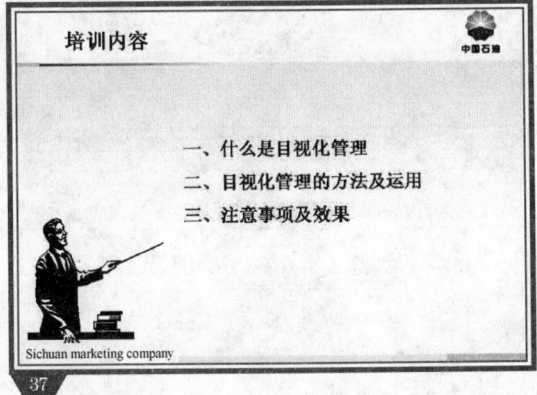

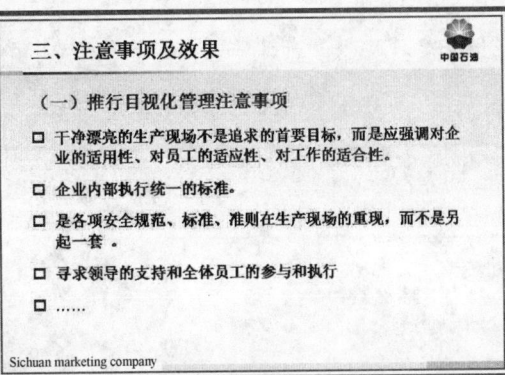

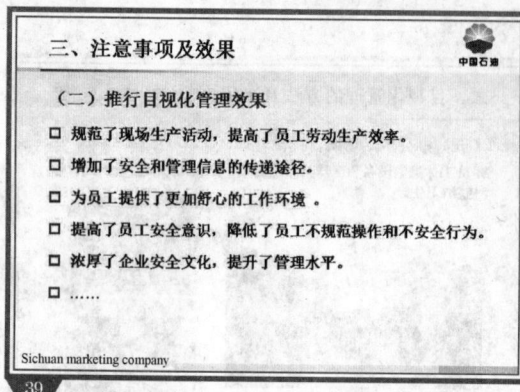

第四章　HSE培训矩阵应用

加油站HSE培训矩阵是基层单位培训管理的基础性文件,通过矩阵编制和有效运用,可有效增强培训计划的针对性,提高培训实施的规范化水平,提升HSE培训师队伍专业化水平。同时,也为开展培训效果评价提供了科学依据,持续改进HSE培训管理工作,实现闭环管理。

第一节　员工能力评估

员工的HSE能力是安全生产的基础,HSE能力评估是用矩阵中岗位对员工的基本要求来检验员工的实际能力,找出差距和短板,并通过针对性的再培训促进能力提升。员工能力评估可分为两类,一类是在岗员工周期性能力评估,另一类是新入职或转岗员工的上岗前入职能力评估。

能力评估工作涉及的环节较多,影响因素复杂,评估组织管理水平与企业安全文化建设密切相关。为促进评估水平持续提升,企业应结合实际,积极借鉴国际HSE管理先进企业评估管理的通行做法,采用"直线主管负责、一级评估一级"的组织模式,积极倡导每一个管理者都是一级评估主管的理念。常用的方法主要有:自评、上下评、实操评、访谈评、理论测试评、日常操作观察评等,评估人员可根据实际情况选择不同的方法,每一种方法评估出的结果具有同等效力。通过积极实践,不断改进,使评估工作的组织管理简捷有效、易于实施,评估结果真实准确、充分适用。

一、建立制度与标准

为了规范、系统开展评估管理工作,应当建立起相应的制度、标准,确保职责到位,流程清晰,评估工作有效实施。

1. 制定评估管理制度

遵循"一级评估一级"的直线管理原则,制定管理制度,明确HSE评估归口管理部门。培训主管部门牵头,直线部门、安全部门等参与,上级对下级进行评估,规定评估程序、评估方式与方法、评估周期、评估监督与考核、结果运用等,有效规范HSE基本能力评估操作行为。

2. 建立HSE基本能力评估标准

以员工所在岗位的HSE培训矩阵为能力评估标准,其中HSE培训矩阵中的各项"培训内容"是能力评估的项目,与"培训内容"对应的"培训效果"是能力评估的标尺。针对每一项培训内容的特点和评估方式,制定配套的理论测试题库和操作项目评估清单等,作为该项目的量化评估标准,尽量减少评估人员主观影响,使评估结果更加客观。

如加油站主管岗位《油品计量操作》评估清单可分为操作前准备、计量操作、应急处置等内容,在设计理论测试题库和操作项目评估清单时,应以培训项目中的风险控制点、操作动作和应急处置关键环节为评估的采分点,设理论测试题库和操作项目评估清单,见表4-1。

表 4-1 《油品计量操作》评估清单(示例)

操作顺序		操作步骤	评估要点	评分标准	赋分	得分	备注
1 操作前准备	1	穿戴好防静电衣帽	穿防静电工作服,并做到"三紧",不梳头、穿脱、拍打衣服	未着防静电工作服扣2分,未做好"三紧",梳头、穿脱、拍打衣服,未按要求每项扣0.5分	2		
	2	释放人体静电	进油罐区前释放人体静电	静电释放不完全或未释放静电扣2分	2		
	3	选取并检查计量器具	计量前认真检查计量器具完好性	计量前未检查计量器具完好性扣1分	1		
			使用导静电计量绳	未使用导静电计量绳扣2分	2		
			计量前检查计量器具是否在有效期内	计量前未检查计量器具是否在有效期内扣2分	2		
	4	检查并布置消防器材	严格执行计量操作规程,备好消防器材	未严格执行计量操作规程,未备好消防器材扣3分	3		
2 计量操作 测量油水总高	1	站在上风口	站在上风口	未站在上风口扣2分	2		
	2	下尺、测量	按规定使用纯棉毛巾	未按规定使用纯棉毛巾扣2分	2		
			严格执行操作规程,从导尺槽下尺	未从导尺槽下尺扣2分	2		
			严格执行操作规程,尺带勿脱离导尺槽	提尺时尺带脱离导尺槽扣2分	2		
			按规定操作(下尺速度小于1.5m/s,上提速度小于1m/s)	上、下尺速度过快扣2分	2		
	3	读数	读数时按规定先读小数,再读大数,视线与尺带保持垂直	读数时尺带平放或倒放扣3分	3		
	4	第二次测量数据	第一、第二次测量需停止油罐发油作业	第一、第二次测量未停止油罐发油作业扣2分	2		
	5	记录数据	认真记录数据	不记录扣2分,记录不规范扣1分	2		
3 测量水高	1	涂抹试水膏	涂抹试水膏时要均匀	试水膏涂抹不均匀扣1分	1		
	2	测量	按规范操作,检水尺触底后,停留3~5s	检水尺触底后,未停留3~5s扣3分	3		
			测量时,检水尺必须拉紧,保持垂直	检水尺触底后,尺带未拉紧扣3分	3		
	3	读数	读数时按规定先读小数,再读大数,视线与尺带垂直	读数时,检水尺平放或倒放扣3分	3		
	4	记录数据	认真记录数据	不记录扣2分,记录不规范扣1分	2		

续表

操作顺序			操作步骤	评估要点	评分标准	赋分	得分	备注
4	测量油温	1	测量	保温盒放置于液面1/2处	保温盒未放置在液面1/2处扣2分	2		
				正确放置保温盒,上下提拉,均衡油温,浸没时间不少于5min	保温盒放置时未上下提拉,浸没时间不足5min扣2分	2		
		2	读数	读数时,保持温度计垂直	读数时,保温盒倾斜扣2分	2		
				读数时,虚托保温盒底部	读数时,用手托住保温盒底部扣2分	2		
				按规范操作,油品统一倒入废液桶	油品统一倒入废液桶扣3分	3		
		3	记录数据	认真记录数据	不记录扣2分,记录不规范扣1分	2		
5	计量操作	取样	1	站在上风口,放入取样器	站在上风口	未站在上风口扣2分	2		
					取样器放置于液面1/2处采样	取样器未放置在液面1/2处扣2分	2		
			2	提出取样器	严格执行操作规程,取样绳始终与计量口接触	提出取样器时,防静电绳脱离导尺槽扣2分	2		
6		测量试验温度和密度	1	将油样倒入量筒	按规范操作,倒入油样时量筒倾斜,沿量筒内壁缓慢倒入油样	倒入油样时,量筒未倾斜,油样溅出扣2分	2		
			2	放入温度计	规范操作,使用前把温度计擦拭干净,温度计垂直搅拌试样不少于两圈	温度计未擦拭干净并直接放入油样内扣3分	3		
					温度计保持全浸并固定	温度计未固定,且接触量筒壁或底部扣3分	3		
			3	放入密度计	规范操作,松手前轻轻转动密度计干管,密度计起伏不超过两个最小分度值	放入密度计时起伏超过两个最小分度值扣3分	3		
			4	读数	视线与弯月面下缘相切的点读数	读数时眼睛斜视扣3分	3		
			5	取出温度计和密度计	正确使用温度计、密度计	取温度计、密度计动作过大,导致器具损坏扣3分	3		
			6	记录数据	认真记录数据	不记录扣2分,记录不规范扣1分	2		

续表

操作顺序			操作步骤	评估要点	评分标准	赋分	得分	备注
7	计量操作	清洁现场	1	对计量器具、现场卫生进行清洁	按规范操作,油品统一倒入废液桶	油品统一倒入废液桶扣2分	2		
					用完设备后及时复位	计量器具未归位扣2分	2		
8		计算	1	使用内插法列式并计算	核对计算结果	计算错误扣3分	3		
9		应急处置	1	操作井内突发火灾	停止作业,呼喊示警	未"停止作业,呼喊示警"扣3分	3		
					使用灭火毯或灭火器进行初期扑救;报告上级;拨打119	未使用灭火毯或灭火器进行初期扑救扣2分;未报告上级扣2分;未拨打119扣1分	5		
					现场警戒,疏散人员、车辆	未现场警戒,未疏散人员、车辆扣2分	2		
					视情况,通知周边单位,请求联防单位支援	不能视情况,通知周边单位,请求联防单位支援扣2分	2		
					密切注意火势发展,情况危急时,撤离现场,等待救援	未做到"密切注意火势发展,情况危急时,撤离现场,等待救援"扣2分	2		
合计							100		

说明:1. 出现否决项(违章操作)直接认定该项目不合格。
2. 考核时在评分标准上以圈定的方式记录操作不符合项。
3. 评估应急处置时,要求员工口述发生应急情况下处置过程。

二、员工能力评估程序与方法

加油站员工 HSE 基本能力评估应按照一级考核一级的原则,由直线领导(责任人)对下一级进行评估。对基层岗位员工进行 HSE 基本能力评估,应当依据 HSE 矩阵开展,实现"一人一评估"。评估方式可以结合加油站实际,采用自评、理论测试评与日常操作观察评、访谈评、现场评等多种方式相结合进行,但应侧重现场实际操作与风险管控。员工 HSE 能力评估过程可参照以下基本程序进行,如图 4-1 所示。

(1)成立评估小组:由培训主管部门牵头,成立评估小组,制定评估方案,明确职责和分工。

(2)确定评估内容和时间:直线主管提前向员工告知评估内容、时间等要求,查阅被评估员工个人事故、违章、考核等记录。

(3)开展员工自评:员工应客观地根据自我掌握情况及对自身的认知,实事求是地开展员工自评。HSE 岗位能力自评表见表 4-2。

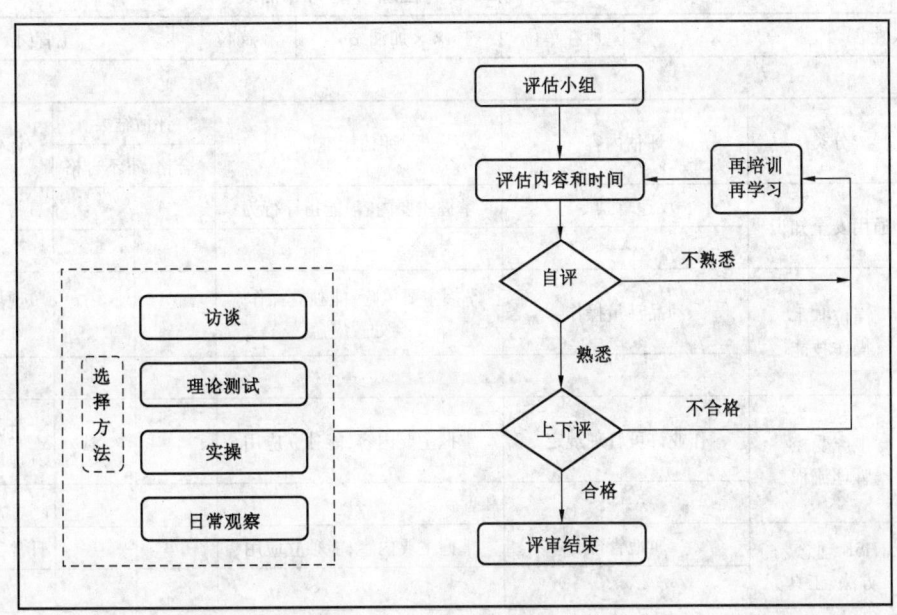

图 4-1 员工能力评估流程图

表 4-2 主管岗 HSE 岗位能力自评表

| 被评估人姓名 | 李× | 所在单位 | ××加油站 | 岗位 | 主管岗 |

序号	分类	评估内容	评估标准	评估结果	
				熟练	不熟练
1.1 ...	通用安全知识	反违章禁令	掌握主要内容,能指导行为		
2.1 ...	岗位基本操作技能	油品计量操作	掌握主要风险、能独立操作、会处置应急		
3.1 ...	生产受控管理流程	作业许可管理规定	掌握主要内容,能独立应用		
4.1 ...	HSE 理念、方法、工具	属地管理	掌握主要内容,能独立应用		

评估人(签字):　　　　　　　　　　　　　　　　　　　　　　　　年　月　日

(4)开展上下评:针对员工自评合格的项目运用综合能力评估表开展上下评,见表4-3。按照培训矩阵要求,对通用安全知识、生产受控管理流程及 HSE 理念、方法与工具类的培训内容,采取理论测试或访谈的方式进行评估;对岗位基本操作技能类培训内容,采取理论测试、日常操作观察与实操测评的方式进行评估。常用评估方法有:

表 4–3　主管岗 HSE 岗位综合能力评估表

被评估人姓名	李×	所在单位	××加油站	岗位	主管岗

序号	分类	评估内容	评估标准	评估结果 合格	评估结果 不合格	评估方式
1.1 ...	通用安全知识	反违章禁令 ……	掌握主要内容,能指导行为 ……			日常工作观察 ……
2.1 ...	岗位基本操作技能	油品计量操作 ……	掌握主要风险、能独立操作、会处置应急 ……			现场评+理论测试 ……
3.1 ...	生产受控管理流程	作业许可管理规定 ……	掌握主要内容,能独立应用 ……			现场+理论测试 ……
4.1 ...	HSE 理念、方法、工具	属地管理 ……	掌握主要内容,能独立应用 ……			日常工作观察 ……

综合评价意见或建议:

评估结果:

评估人(签字):
年　月　日

被评估人确认:

被评估人(签字):
年　月　日

① 理论测试:通过笔试答题的方式检验员工对知识的掌握水平。

② 日常操作观察:由评估人员观察员工日常操作行为进行综合评价,适用于岗位员工日常操作比较频繁的项目。

③ 实操评:对于风险较高的关键操作项目,由员工进行现场实际操作或模拟操作,评估人员根据操作项目评估清单进行打分评估,见表 4–1。

④ 访谈评:对 HSE 理念、规章制度要求等培训项目,由评估人员对员工进行访谈,采取相互沟通的形式了解员工对 HSE 管理理念、制度要求的认知程度。

(5)对被评估员工进行综合评价。评估结束后,评估小组应进行讨论,汇总员工各项评估结果,按照岗位培训矩阵要求,分析其掌握较好的方面和存在的问题,对员工进行综合评价,见表 4–3。

(6)与被评估员工沟通确认能力评估结果。

(7)建立员工 HSE 能力评估汇总登记表,存档备案并上报培训主管部门。

三、评估结果运用

HSE能力评估的目的在于了解掌握和采取措施提高员工HSE基本能力,评估结果应得到有效运用。

(1)员工个人HSE能力分析。评估结果是员工掌握HSE技能的真实体现,通过分析,确定出员工能力的强项和短板,为日后的工作安排、岗位调整、培训方向提供决策依据。

(2)制订再培训计划。对评估结果中不达标或单项操作项目不合格的员工,制订再培训计划,开展专项培训,使其满足独立上岗要求。

(3)改进培训组织管理。通过评估结果统计分析,针对员工普遍偏弱的培训内容,可从培训课件的适用性、培训师授课技巧、课时长短、培训周期、技能知识实际应用等方面进行持续改进。

(4)用于个人绩效考核。制定HSE培训配套激励政策,对HSE能力评估全面达标的员工给予必要的奖励,鼓励员工积极参加HSE培训、主动学习HSE知识和操作技能。

四、注意事项

(1)合理制定员工HSE能力评估方案。因员工能力评估过程比较烦琐,涉及的员工多、评估项目多,因此应将员工能力评估工作作为一项日常性工作开展,根据生产活动实际合理制定员工能力评估方案,将评估项目有序安排到各个时间段,避免年底突击评估以致无法保证评估质量。

(2)合理选择评估方式。根据简洁、高效、实用的原则,按评估项目选择适用性高的评估方式,但应侧重现场实际操作与风险管控,客观评价岗位员工的实际操作能力。关键操作项目的实操评估可与工作循环分析结合开展。

(3)合理确定评估周期。员工的初始能力评估应在一年内完成所有评估项目,然后按规定的评估周期进行周期性评估。评估周期可以与HSE培训矩阵的培训周期相同,突出高风险操作项目的风险管控,个别关键项目可以加大评估频次。一般情况下,评估周期最长不可大于3年,最短1年。

有以下情形之一时,由于员工能力不足,应当即时对基层员工进行HSE能力评估:

① 发生一般事故A级及以上事故时,基层单位组织对全体员工进行HSE能力评估;

② 发生一般事故B级,或者连续发生一般事故C级、连续发生严重违章时,应当对全体员工进行HSE能力评估;

③ 发生一般事故C级或者严重违章、新进、转岗、复工、应用新工艺、新设备,员工违章积分达到6分值时,应当对相关基层员工重新进行HSE能力评估。

第二节 编制培训计划

以培训矩阵为主要内容,编制合理培训计划是做好加油站HSE培训组织工作的重要前提,通过精心安排培训内容、对象、方式、师资、时间等培训内容和要求,可以为加油站HSE培训组织与实施打下良好的基础。

一、HSE 培训计划编制依据

加油站 HSE 培训计划编制的主要依据包括：

（1）加油站岗位 HSE 培训矩阵。包括培训矩阵中规定的项目和培训周期等培训要求，都可以作为培训计划编制的依据。

（2）员工 HSE 基本能力评估结果。当员工能力评估存在不合格项时，应将不合格项的培训纳入培训计划中。

（3）因政策法规、工艺、设备、技术等发生变更而增加的岗位 HSE 培训需求。

二、培训计划主要内容

加油站培训计划包括培训内容、培训方式、培训目标、计划时间、课时、受训岗位、培训师资、计划变更、计划是否执行等内容。

（1）培训内容。按照加油站岗位 HSE 培训矩阵中培训项目的培训周期，以及员工 HSE 基本能力评估结果，确定年度或阶段时间内应当进行的培训项目。

（2）培训方式。以 HSE 培训矩阵中规定的培训方式为主，结合员工接受的能力和习惯，培训的预期效果和生产工作运行实际灵活，确定培训方式，尽可能使员工更易接受。

（3）培训效果。可以是最终或者阶段性的目标，可按培训矩阵规定的培训效果设定。

（4）计划时间。应当根据培训项目、受训岗位、培训方式结合加油站季节性特点确定，在尽可能不影响生产的情况下组织培训。

（5）课时。培训课时可在符合基层岗位 HSE 培训矩阵规定的条件下，结合员工生产经营等实际进行确定，可实行分次培训、课时累加，充分利用交接班例会、生产经营空闲时段等时机开展培训。

（6）受训岗位。按照 HSE 培训矩阵中规定的培训项目、培训周期，确定应当进行培训的岗位，分岗位统计应培训的员工数量，作为 HSE 培训计划中的培训对象。

（7）培训师资。培训师应当按照一级培训一级的原则确定，加油站经营业务范围内的培训项目应当由加油站经理或其他培训师负责授课。

（8）计划变更。培训计划因特殊原因不能在计划时间内执行，根据实际情况变更执行，并做好记录。

（9）计划是否执行。培训计划在实施后要标注是否执行，以便管理员工培训情况。

[例] 某加油站岗位员工年度 HSE 培训计划，见表 4-4。

表 4-4 某加油站岗位员工 XX 年 HSE 培训计划

单位名称：××加油站

序号	培训内容	培训方式	培训效果	计划时间	课时 min	受训岗位	培训师资	计划变更	计划是否执行
1	石油安全常识	课堂或会议	掌握	1月上旬	30	经理岗、主管岗、营业员岗、加油员岗	直线领导或培训师		

续表

序号	培训内容	培训方式	培训效果	计划时间	课时 min	受训岗位	培训师资	计划变更	计划是否执行
2	普通加油操作	课堂+演练	掌握	1月下旬	30	经理岗、加油员岗	直线领导或其他培训师		
3	作业许可管理	课堂+现场	掌握	2月上旬	30	经理岗、主管岗、营业员岗、加油员岗	直线领导或培训师		
4	属地管理	课堂或会议	了解	2月下旬	15	经理岗、主管岗、营业员岗、加油员岗	直线领导或培训师		
…						…	…		

编制人：　　　　　　　　　　　　　　　　　　　　　　　　　审批人：

三、基层培训计划的编制与评审

加油站 HSE 培训计划应由加油站组织按年度编制，报上级主管部门审查、备案，纳入本单位总体培训计划，由加油站组织实施。

第三节　培训组织实施

培训组织实施是培训矩阵应用的重要环节，直接关系到加油站 HSE 培训的最终效果，影响到员工 HSE 能力的提升程度。

一、培训组织

在 HSE 培训组织方面，培训、安全、生产经营等部门对加油站开展 HSE 培训做好指导、协调和支持，遵循"一级培训一级、一级考核一级、一级对一级负责"的原则实施 HSE 培训。培训部门应在加油站 HSE 培训的整体策划、培训设施等资源方面给予保障；安全、生产经营等部门应在教材开发、师资等方面给予相应支持。加油站经理应尽可能亲自组织开展培训工作，选择合适的培训师，给予培训时间保障。HSE 培训师提前做好授课准备，保证培训效果。

二、培训实施

根据加油站生产特点，HSE 培训应合理安排时间，新进、转岗、复工等培训应当安排在上岗前进行；接受新生产工作任务的员工培训应当在执行新的生产工作任务前进行；加油站员工培训应当尽可能选择生产经营工作相对空闲的时间进行。按培训师"安全提示、经验分享、内容介绍、授课实施、问题解答、授课总结"六步法授课，以实际操作培训为主、课堂讲授与现场辅导相结合、互动交流，保证有 1/3 以上时间用于答疑解惑和开展问题研讨，充分利用现有计算机、多媒体技术，增强授课效果。坚持"分岗位、小范围、短课时、多形式"培训。

"分岗位"即在培训员工操作技能时,应当按岗位进行授课,与授课内容无关的员工可不参加培训。如:一个加油站有经理岗、主管岗、营业员岗和加油员岗,在开展 HSE 技能项目培训时,应针对培训内容对相应岗位员工进行授课,确保培训的针对性和适用性,改变过去与授课内容无关的员工"陪训"做法。

"小范围"即一次培训针对一部分人。如加油站通用安全知识是 HSE 培训内容的主体,每位员工均应参加培训,若加油站全体员工一起上课,难以保证生产经营正常进行,可根据加油站实际情况分班组分批授课,一次培训人数尽可能少,有益于培训沟通、交流和具体指导。

"短课时"即每次授课尽可能短,一次授课可以仅解决一个问题,既能保证接受培训者注意力集中,同时能够较好地处理生产与培训的关系。如:加油站是经营场所、风险较大,加油现场需要有人值守,HSE 培训授课不宜时间过长,以免影响安全生产。同时,考虑成人保持精力集中的特点,一次授课时间应尽量控制在 30min 以内。

"多形式"即从实用出发,依据培训内容灵活采取在岗培训、分班组授课、一对一培训等多种方式,充分利用现有计算机、多媒体技术和培训基地资源,增强培训效果。主要有以下五种方式:

(1)在岗培训:利用员工在岗时间进行培训,是基层员工 HSE 培训的主要方式。培训时间一般控制在 30min 以内,不影响员工正常巡检,尽量不占用员工休息时间。

(2)集中培训:对于大部分员工未掌握的项目,安排 HSE 培训师进行集中授课。

(3)一对一培训:对于个别员工未掌握的项目,安排 HSE 培训师进行单独帮扶,实现一对一、点对点辅导。

(4)"点课"培训:岗位员工可结合自身对 HSE 技能的掌握情况,主动"点课",要求培训。

(5)角色扮演:模拟一个工作环境,指定参培员工扮演某种角色,借助角色的演练来理解角色岗位履职的工作要求,模拟性地处理工作事物,提高其处理各种问题的能力。该培训方式主要适用于事故事件管理、受控管理、应急处置等类型的培训项目。

第四节 培训效果评价

依据培训矩阵设定的要求,对加油站 HSE 培训效果进行评价,找出不足并实施改进,有助于基层提升 HSE 培训管理工作水平。

一、培训效果评价内容

对加油站 HSE 培训组织、实施的有效性应采取有效的方法进行验证。培训效果验证应重点考虑以下方面内容:

(1)培训反馈方面。从培训后员工操作能力变化、加油站 HSE 业绩变化、培训工作持续改进等反馈情况对培训效果进行验证,员工操作能力的变化可以依据能力评估结果来确认。

(2)培训组织方面。从培训计划制订、培训内容选择、培训师资选择、受训人员、培训时间、场地、设施等方面验证培训组织工作开展情况,并通过培训内容评价调查表(表 4-5)、师资培训效果评价表(表 4-6)等方式进行。

(3)培训实施方面。对培训计划、培训记录等实施证据进行综合评价。

表 4–5　培训项目效果评价调查表

姓名		性别		工作单位	
培训班名称				培训时间	
培训地点			承办单位		
培训课程针对性实用性	优		教师水平准备充分表达能力	优		学习环境教学设备	优	
	良			良			良	
	差			差			差	
培训时间是否合理	优		培训形式是否满意	优		培训组织后勤保障	优	
	良			良			良	
	差			差			差	
您认为参加此次培训最大收获是什么？					
参加此次培训对您今后工作将起哪些作用？					
您对培训工作有何建议？					

表 4–6　培训师培训效果评价表

培训项目名称			
举办时间	年 月 日 至 年 月 日		
培训师姓名			
授课内容			
	评估内容	标准分值	评估得分
基本素质	专业水平：掌握本专业业务知识、管理流程、经验丰富等	15	
	组织能力：教学组织能力；语言表达是否生动、学员能否理解；专业展示、案例分析等	10	
	敬业精神：热爱员工培训工作、积极主动、参与教学实践	10	
授课情况	教学结构：能根据专业知识结构、认识规律，安排教学层次和密度，环节过渡自然，内容和时间安排合理，张弛适度	15	
	教学内容：具备科学性、针对性，能够与生产经营及实际有机结合	10	
	教学方法：采用多样的教学方法，如多媒体、仿真等，应用得当	10	
	授课技巧：提问与学员互动；学员参与进行肯定；学员相互交流；调动学员解决问题等	10	
	课堂效果：关注学员行为；质疑交流，让课堂有理有趣，建立有利学习的气氛；启发激趣，让课堂生动活泼，调动学员学习情绪等	10	
综合素质评价：礼仪、仪表等		10	
合计		100	
其他说明：			
学员签字：		年　月　日	
备注			

二、培训效果评价实施

培训效果评价可以由培训主管部门组织,也可以通过各级直线部门,按照直线责任对培训组织、培训实施与培训反馈方面进行评价。

评价可采取调查、检查、审核等多种方式进行,通过对培训组织、实施以及培训反馈等方面进行调查,分析培训工作是否存在需要改进的弱项,从而为改进基层HSE培训,提升培训效果提供依据。

第五节 培训信息管理

培训矩阵应用的记录管理工作主要体现在培训信息管理上,培训信息管理也是加油站HSE基础工作的重要组成部分。

一、培训记录建立

加油站应当建立包括员工培训记录、培训管理档案等资料,用于培训管理工作和保证培训项目的可追溯性。

员工培训档案是为体现员工在一定时期内参加培训项目的记录性文件。依据《中华人民共和国安全生产法》第二十五条:"生产经营单位应当建立安全生产教育和培训档案,如实记录安全生产教育和培训的时间、内容、参加人员以及考核结果等情况"。员工培训档案的主要内容应当包括员工姓名、培训内容、培训方式、培训课时、培训结果(笔试及实操评估成绩)、培训日期、授课人、培训地点等信息,实行动态管理。

培训管理档案是指加油站HSE培训管理过程中形成的一些过程性文件档案,包括:HSE培训计划、培训记录、培训签到表、培训试卷、操作评估清单、培训师资档案等资料信息。

培训课程档案是指加油站HSE培训课件、培训教程库,主要包括HSE培训课件、培训教程、操作规程等资料信息。

二、培训记录的信息管理

加油站HSE培训记录应当由加油站统一管理,由加油站按照本单位制度要求进行存档。员工培训记录、培训管理档案是法律和企业制度规定的痕迹化管理内容,而培训课程档案则是企业和基层员工传承、累积HSE知识与技能的核心。随着计算机及互联网技术的普及发展,对加油站HSE培训档案可实施信息化管理,将HSE培训档案信息与绩效考核、薪酬调整、职务晋升等多方面建立档案间的关联,充分发挥HSE培训的重要作用。

第六节 矩阵应用保障

HSE培训矩阵的推广与应用需要单位主要领导的重视与亲力亲为,只有从职责、制度、人才、培训资源等多方面提供支持与保障,才能确保HSE培训矩阵在加油站得到有效推广和落实。

一、规范管理制度保障

加油站岗位 HSE 培训矩阵作为员工 HSE 能力的标准和 HSE 培训工作规范,无论编制还是执行应当有相应的约束。一是要明确有关 HSE 培训矩阵应用管理要求,制定包括建立编制原则、程序、方法、审批以及相应的能力评估制度与标准;二是要明确管理职责,把岗位 HSE 培训矩阵编制、评审、审批和 HSE 基本能力评估、培训计划编制、培训实施等,落实到领导干部、职能部门、基层管理者中去。矩阵推广与应用要组织培训、安全、生产经营等部门,成立矩阵编制与应用组织,编制工作方案,落实工作职责,设定节点,按时完成矩阵编制、操作规程完善、课件开发、能力评估标准制定、培训实施、效果评估等工作任务;三是要建立健全基层岗位 HSE 培训矩阵编制与应用目标责任制,与单位、个人经济效益挂钩,做到有奖有罚。

在落实责任和制定制度时,应当充分考虑制度的实用性,要从全局性出发,将 HSE 培训职责、培训制度、标准与流程纳入人力资源的培训管理体系中,统筹规划、全面考虑。

二、建立基层 HSE 培训师队伍

建立一支优秀的 HSE 培训师队伍,充分发挥其作用,对做好加油站 HSE 培训具有十分重要的意义。企业应当建立 HSE 培训师管理制度,明确培训、安全、生产经营等部门直线及属地管理者履行 HSE 培训直线职责,同时吸纳资深员工、操作骨干等作为 HSE 培训师的重要补充,并鼓励人人成为 HSE 培训师。加油站应当根据 HSE 培训矩阵的师资要求和有关制度,结合生产实际设置 HSE 培训师,每个加油站以设置 1~2 名 HSE 培训师为宜,由所在加油站进行管理。HSE 培训师应实行公开选拔、择优聘用,可实行个人申报、加油站推荐、培训主管部门审查筛选,采取试讲、模拟操作等方法进行理论与实际操作考核,按拟聘数额和考核排序进行选拔。

HSE 培训师应实行动态管理与考核。由企业所属单位每年对 HSE 培训师进行一次绩效考核,从员工培训效果评价、员工认可程度、培训师实施培训的能力与表现等进行综合测评和考核。综合测评的结果作为基层 HSE 培训师续聘或解聘、相应待遇享受、酬金发放和评先选优的重要依据。

三、建立激励和保障机制

加油站 HSE 培训矩阵编制和应用离不开方方面面的保障,包括组织、制度、人力、物力、财力和时间等资源保障。由于石油销售企业各加油站基础条件不同,一些加油站培训基础设施缺乏,培训条件较差,培训能力较弱,企业应当加大 HSE 培训资源的投入。一是整合矩阵编制与应用技术力量。充分调动生产经营、设备等方面的专业人员以及基层岗位具有丰富实操经验的员工参与到培训矩阵编制、课件开发、能力评估标准的制定过程中。二是分专业配备 HSE 培训师,落实激励政策;三是配备必要的授课设备、器械、资料,为加油站 HSE 培训创造良好条件;四是合理安排工作与培训时间,保证岗位员工接受 HSE 培训;五是通过专项审核与考核,持续推动 HSE 培训矩阵在基层的编制与应用。

附录1 加油站基层岗位(经理岗)HSE培训矩阵

序号	培训内容	培训要求					备注
		培训课时 min	培训周期	培训方式	培训效果	培训师资	
1	通用安全知识						
1.1	石油安全常识	30	1年	课堂或会议	掌握	直线领导或培训师	
1.2	反违章禁令	30	1年	课堂或会议	掌握	直线领导或培训师	
1.3	安全用电常识	30	3年	课堂+现场	掌握	直线领导或培训师	
1.4	危害因素识别知识	30	1年	课堂+现场	掌握	直线领导或培训师	
1.5	安全标志标识	不限	随时	课堂+现场	掌握	直线领导或培训师	
1.6	劳动防护用品使用	30	3年	课堂+操作	掌握	直线领导或培训师	
1.7	工作外安全	30	1年	课堂或会议	掌握	直线领导或培训师	
1.8	工具用具管理	60	3年	课堂+演练	掌握	直线领导或培训师	
1.9	灭火器材使用	15	1年	课堂+演练	掌握	直线领导或培训师	
1.10	消防器材及设施安全检查与维护	15	1年	课堂+演练	掌握	直线领导或培训师	
1.11	服务与沟通技巧	60	1年	课堂或会议	掌握	直线领导或培训师	
1.12	油品、非油和加油卡的推销宣传	60		课堂	掌握	直线领导或培训师	
1.13	乘车安全常识	30	1年	课堂	掌握	直线领导或培训师	
1.14	饮食卫生常识	30	1年	课堂	了解	直线领导或培训师	
1.15	环境保护基本常识	30	3年	课堂	掌握	直线领导或培训师	
1.16	常见伤害、疾病急救	30	3年	课堂+演练	掌握	直线领导或培训师	
1.17	事故事件报告	15	3年	课堂	掌握	直线领导或培训师	
1.18	本专业典型事故案例	不限	随时	不限	了解	直线领导或培训师	
1.19	法律法规	15	3年	课堂	掌握	直线领导或培训师	
1.20	应急管理	30	1年	课堂	了解	直线领导或培训师	
2	岗位基本操作技能						
2.1	加油操作						
2.1.1	普通加油操作	30	1年	课堂+演练	掌握	直线领导或培训师	
2.1.2	自助加油操作	30	1年	课堂+演练	掌握	直线领导或培训师	
2.2	油品数质量管理						
2.2.1	地罐交接卸油操作	30	3年	课堂+现场	掌握	直线领导或培训师	
2.2.2	汽油"水溶出法"检验操作	30	3年	课堂+现场	掌握	直线领导或培训师	
2.2.3	油罐车滤油操作	30	3年	课堂+现场	掌握	直线领导或培训师	
2.2.4	油品计量操作	30	3年	课堂+现场	掌握	直线领导或培训师	

序号	培训内容	培训要求					备注
		培训课时 min	培训周期	培训方式	培训效果	培训师资	
2.3	配发电管理						
2.3.1	柴油发电机操作	30	3年	课堂+现场	掌握	直线领导或培训师	
2.3.2	变配电操作	30	3年	课堂+现场	掌握	直线领导或培训师	
2.4	站级系统财务操作						
2.4.1	班结操作	30	3年	课堂+现场	掌握	直线领导或培训师	
2.4.2	日结操作	30	3年	课堂+现场	掌握	直线领导或培训师	
2.4.3	收银操作(收银、管理系统相应操作)	30	3年	课堂+现场	掌握	直线领导或培训师	
2.5	便利店商品管理						
2.5.1	商品盘点	30	3年	课堂+现场	掌握	直线领导或培训师	
2.5.2	商品销售与促销	30	3年	课堂+现场	掌握	直线领导或培训师	
2.5.3	商品价格管理	30	3年	课堂+现场	掌握	直线领导或培训师	
2.5.4	便利店商品陈列、存货管理	15	3年	课堂+现场	掌握	直线领导或培训师	
2.6	加油卡业务管理						
2.6.1	加油卡充值—资金平台操作、优惠申请(自动、手动)	30	三年	课堂+现场	掌握	直线领导或培训师	
2.6.2	加油卡白卡管理(保管、发放、盘点)	30	3年	课堂+现场	掌握	直线领导或培训师	
2.6.3	Ukey和卡系统的密码管理	30	3年	课堂+现场	掌握	直线领导或培训师	
2.7	数据分析						
2.7.1	经营数据分析	30	3年	课堂+现场	掌握	直线领导或培训师	
2.7.2	卡数据分析	30	3年	课堂+现场	掌握	直线领导或培训师	
2.7.3	加管系统的对账与报表	30	3年	课堂+现场	掌握	直线领导或培训师	
2.7.4	盘点数据处理	30	3年	课堂+现场	掌握	直线领导或培训师	
2.8	现金及票据管理						
2.8.1	发票(普通发票、开具及管理增值税发票)管理	30	3年	课堂+现场	掌握	直线领导或培训师	
2.8.2	保险柜使用及管理	30	3年	课堂+现场	掌握	直线领导或培训师	
2.9	设施设备管理						
2.9.1	潜油泵加油机日常检查	30	1年	课堂+演练	掌握	直线领导或培训师	
2.9.2	加油现场设施设备日常检查	30	1年	课堂+演练	掌握	直线领导或培训师	
2.9.3	便利店运营设备维护(系统准备、理货、灯光、空调、冰柜及其他服务设备)	30	3年	课堂+现场	掌握	直线领导或培训师	
2.9.4	PD-3液位仪日常维护保养、操作	30	3年	课堂+现场	掌握	直线领导或培训师	

续表

序号	培训内容	培训要求					备注
		培训课时 min	培训周期	培训方式	培训效果	培训师资	
2.9.5	柴油发电机日常检查与维护保养	30	3年	课堂+现场	掌握	直线领导或培训师	
2.9.6	变压器日常检查与维护	30	3年	课堂+现场	掌握	直线领导或培训师	
2.9.7	配电柜管理与维护	30	3年	课堂+现场	掌握	直线领导或培训师	
2.9.8	油管管线及附件日常检查与维护	30	3年	课堂+现场	掌握	直线领导或培训师	
2.9.9	油气回收设备维护保养	30	3年	课堂+现场	掌握	直线领导或培训师	
2.9.10	监控设备维护保养	30	3年	课堂+现场	掌握	直线领导或培训师	
2.9.11	防雷防静电装置测试	30	1年	课堂+现场	掌握	直线领导或培训师	
2.9.12	防雷防静电装置日常检查维护	30	1年	课堂+现场	掌握	直线领导或培训师	
2.9.13	排污设施维护保养	30	1年	课堂+现场	了解	直线领导或培训师	
2.10	**日常巡检**						
2.10.1	日常安全巡检	30	3年	课堂+现场	掌握	直线领导或培训师	
2.11	**应急处置**						
2.11.1	车辆事故应急处置	30	3年	课堂+现场	掌握	直线领导或培训师	
2.11.2	火灾应急处置	30	3年	课堂+现场	掌握	直线领导或培训师	
2.11.3	社会安全突发事件应急处置	30	3年	课堂+现场	掌握	直线领导或培训师	
2.11.4	油品混油应急处置	30	3年	课堂+现场	掌握	直线领导或培训师	
2.11.5	油品泄露应急处置	30	3年	课堂+现场	掌握	直线领导或培训师	
2.11.6	纠纷应急处置	30	3年	课堂+现场	掌握	直线领导或培训师	
2.11.7	自然灾害突发事件应急处置	30	3年	课堂+现场	掌握	直线领导或培训师	
2.11.8	跑单和加油机乱码应急处置	15	1年	课堂+演练	掌握	直线领导或培训师	
2.11.9	食物中毒应急处置	15	1年	课堂+演练	掌握	直线领导或培训师	
3	**生产受控管理流程**						
3.1	作业许可管理	30	1年	课堂+现场	掌握	直线领导或培训师	
3.2	动火作业	30	1年	课堂+现场	掌握	直线领导或培训师	
3.3	进入受限空间作业	30	1年	课堂+现场	掌握	直线领导或培训师	
3.4	临时用电作业	30	1年	课堂+现场	掌握	直线领导或培训师	
3.5	动土作业	30	1年	课堂+现场	掌握	直线领导或培训师	
3.6	管线打开作业	30	1年	课堂+现场	掌握	直线领导或培训师	
3.7	吊装作业	30	1年	课堂+现场	掌握	直线领导或培训师	
3.8	高处作业	30	1年	课堂+现场	掌握	直线领导或培训师	
3.9	上锁挂签	30	3年	课堂或会议	掌握	直线领导或培训师	
3.10	变更管理	60	3年	课堂或会议	掌握	直线领导或培训师	
3.11	承包商管理	30	3年	课堂或会议	掌握	直线领导或培训师	

续表

序号	培训内容	培训要求					备注
		培训课时 min	培训周期	培训方式	培训效果	培训师资	
4	**HSE 知识方法与工具**						
4.1	HSE 职责、权利、义务、责任	15	3年	课堂或会议	了解	直线领导或培训师	
4.2	属地管理	15	3年	课堂或会议	了解	直线领导或培训师	
4.3	行为安全观察与沟通	15	3年	课堂或会议	了解	直线领导或培训师	
4.4	目视化管理	30	3年	课堂或会议	了解	直线领导或培训师	
4.5	工作前安全分析(JSA)	15	3年	课堂或会议	掌握	直线领导或培训师	
4.6	工作循环分析(JCA)	30	3年	课堂或会议	掌握	直线领导或培训师	
4.7	启动前安全检查(PSSR)	30	3年	课堂或会议	掌握	直线领导或培训师	

附录2 加油站基层岗位(主管岗)HSE培训矩阵

序号	培训内容	培训要求					备注
		培训课时 min	培训周期	培训方式	培训效果	培训师资	
1	**通用安全知识**						
1.1	石油安全常识	30	1年	课堂或会议	掌握	直线领导或培训师	
1.2	反违章禁令	30	1年	课堂或会议	掌握	直线领导或培训师	
1.3	安全用电常识	30	3年	课堂+现场	掌握	直线领导或培训师	
1.4	危害因素识别知识	30	1年	课堂+现场	掌握	直线领导或培训师	
1.5	安全标志标识	不限	随时	课堂+现场	掌握	直线领导或培训师	
1.6	劳动防护用品使用	30	3年	课堂+操作	掌握	直线领导或培训师	
1.7	工作外安全	30	1年	课堂或会议	掌握	直线领导或培训师	
1.8	工具用具管理	60	3年	课堂+演练	掌握	直线领导或培训师	
1.9	灭火器材使用	15	1年	课堂+演练	掌握	直线领导或培训师	
1.10	消防器材及设施安全检查与维护	15	1年	课堂+演练	掌握	直线领导或培训师	
1.11	服务与沟通技巧	60	1年	课堂或会议	掌握	直线领导或培训师	
1.12	油品、非油和加油卡的推销宣传	60	1年	课堂	掌握	直线领导或培训师	
1.13	乘车安全常识	30	1年	课堂	掌握	直线领导或培训师	
1.14	饮食卫生常识	30	1年	课堂	了解	直线领导或培训师	
1.15	环境保护基本常识	30	3年	课堂	掌握	直线领导或培训师	
1.16	常见伤害、疾病急救	30	3年	课堂+演练	掌握	直线领导或培训师	
1.17	事故事件报告	15	3年	课堂	掌握	直线领导或培训师	
1.18	本专业典型事故案例	不限	随时	不限	了解	直线领导或培训师	
1.19	法律法规	15	3年	课堂	掌握	直线领导或培训师	
1.20	应急管理	30	1年	课堂	了解	直线领导或培训师	
2	**岗位基本操作技能**						
2.1	**油品数质量管理**						
2.1.1	地罐交接卸油操作	30	3年	课堂+现场	掌握	直线领导或培训师	
2.1.2	汽油"水溶出法"检验操作	30	3年	课堂+现场	掌握	直线领导或培训师	
2.1.3	油罐车滤油操作	30	3年	课堂+现场	掌握	直线领导或培训师	
2.1.4	油品计量操作	30	3年	课堂+现场	掌握	直线领导或培训师	
2.2	**配发电管理**						
2.2.1	柴油发电机操作	30	3年	课堂+现场	掌握	直线领导或培训师	
2.2.2	变配电操作	30	3年	课堂+现场	掌握	直线领导或培训师	

续表

序号	培训内容	培训要求					备注
		培训课时 min	培训周期	培训方式	培训效果	培训师资	
2.3	**现金及票据管理**						
2.3.1	营业款项的缴存及票据结算	30	3年	课堂+现场	掌握	直线领导或培训师	
2.3.2	发票(普通发票、开具及管理增值税发票)管理	30	3年	课堂+现场	掌握	直线领导或培训师	
2.3.3	保险柜使用及管理	30	3年	课堂+现场	掌握	直线领导或培训师	
2.4	**经营数据统计**						
2.4.1	加管系统的对账与报表	30	3年	课堂+现场	掌握	直线领导或培训师	
2.4.2	盘点数据处理	30	3年	课堂+现场	掌握	直线领导或培训师	
2.5	**日常巡检**						
2.5.1	日常安全巡检	30	3年	课堂+现场	掌握	直线领导或培训师	
2.6	**属地设施设备管理**						
2.6.1	信息设备日常检查与维护	30	3年	课堂+现场	掌握	直线领导或培训师	
2.6.2	柴油发电机日常检查与维护保养	30	3年	课堂+现场	掌握	直线领导或培训师	
2.6.3	变压器日常检查与维护	30	3年	课堂+现场	掌握	直线领导或培训师	
2.6.4	配电柜管理与维护	30	3年	课堂+现场	掌握	直线领导或培训师	
2.6.5	油管管线及附件日常检查与维护	30	3年	课堂+现场	掌握	直线领导或培训师	
2.6.6	油气回收设备维护保养	30	3年	课堂+现场	掌握	直线领导或培训师	
2.6.7	监控设备维护保养	30	3年	课堂+现场	掌握	直线领导或培训师	
2.6.8	计量器具维护保养	30	3年	课堂+现场	掌握	直线领导或培训师	
2.6.9	清洗加油机和卸油口过滤器	30	3年	课堂+现场	掌握	直线领导或培训师	
2.6.10	防雷防静电装置测试	30	1年	课堂+现场	掌握	直线领导或培训师	
2.6.11	防雷防静电装置日常检查维护	30	1年	课堂+现场	掌握	直线领导或培训师	
2.6.12	排污设施维护保养	30	1年	课堂+现场	了解	直线领导或培训师	
2.7	**应急处置**						
2.7.1	车辆事故应急处置	30	3年	课堂+现场	掌握	直线领导或培训师	
2.7.2	火灾应急处置	30	3年	课堂+现场	掌握	直线领导或培训师	
2.7.3	社会安全突发事件应急处置	30	3年	课堂+现场	掌握	直线领导或培训师	
2.7.4	油品混油应急处置	30	3年	课堂+现场	掌握	直线领导或培训师	
2.7.5	油品泄露应急处置	30	3年	课堂+现场	掌握	直线领导或培训师	
2.7.6	纠纷应急处置	30	3年	课堂+现场	掌握	直线领导或培训师	
2.7.7	自然灾害突发事件应急处置	30	3年	课堂+现场	掌握	直线领导或培训师	
2.7.8	跑单和加油机乱码应急处置	15	1年	课堂+演练	掌握	直线领导或培训师	
2.7.9	食物中毒应急处置	15	1年	课堂+演练	掌握	直线领导或培训师	

续表

序号	培训内容	培训要求					备注
		培训课时 min	培训周期	培训方式	培训效果	培训师资	
3	生产受控管理流程						
3.1	作业许可管理	30	1年	课堂+现场	掌握	直线领导或培训师	
3.2	动火作业	30	1年	课堂+现场	掌握	直线领导或培训师	
3.3	进入受限空间作业	30	1年	课堂+现场	掌握	直线领导或培训师	
3.4	临时用电作业	30	1年	课堂+现场	掌握	直线领导或培训师	
3.5	动土作业	30	1年	课堂+现场	掌握	直线领导或培训师	
3.6	管线打开作业	30	1年	课堂+现场	掌握	直线领导或培训师	
3.7	吊装作业	30	1年	课堂+现场	掌握	直线领导或培训师	
3.8	高处作业	30	1年	课堂+现场	掌握	直线领导或培训师	
3.9	上锁挂签	30	3年	课堂或会议	掌握	直线领导或培训师	
3.10	变更管理	60	3年	课堂或会议	掌握	直线领导或培训师	
3.11	承包商管理	30	3年	课堂或会议	掌握	直线领导或培训师	
4	HSE知识方法与工具						
4.1	HSE职责、权利、义务、责任	15	3年	课堂或会议	了解	直线领导或培训师	
4.2	属地管理	15	3年	课堂或会议	了解	直线领导或培训师	
4.3	行为安全观察与沟通	15	3年	课堂或会议	了解	直线领导或培训师	
4.4	目视化管理	30	3年	课堂或会议	了解	直线领导或培训师	
4.5	工作前安全分析(JSA)	15	3年	课堂或会议	掌握	直线领导或培训师	
4.6	工作循环分析(JCA)	30	3年	课堂或会议	掌握	直线领导或培训师	
4.7	启动前安全检查(PSSR)	30	3年	课堂或会议	掌握	直线领导或培训师	

附录3 加油站基层岗位(营业员岗)HSE培训矩阵

序号	培训内容	培训要求					备注
		培训课时 min	培训周期	培训方式	培训效果	培训师资	
1	通用安全知识						
1.1	石油安全常识	30	1年	课堂或会议	掌握	直线领导或培训师	
1.2	反违章禁令	30	1年	课堂或会议	掌握	直线领导或培训师	
1.3	安全用电常识	30	3年	课堂+现场	掌握	直线领导或培训师	
1.4	危害因素识别知识	30	1年	课堂+现场	掌握	直线领导或培训师	
1.5	安全标志标识	不限	随时	课堂+现场	掌握	直线领导或培训师	
1.6	劳动防护用品使用	30	3年	课堂+操作	掌握	直线领导或培训师	
1.7	工作外安全	30	1年	课堂或会议	掌握	直线领导或培训师	
1.8	工具用具管理	60	3年	课堂+演练	掌握	直线领导或培训师	
1.9	灭火器材使用	15	1年	课堂+演练	掌握	直线领导或培训师	
1.10	消防器材及设施安全检查与维护	15	1年	课堂+演练	掌握	直线领导或培训师	
1.11	服务与沟通技巧	60	1年	课堂或会议	掌握	直线领导或培训师	
1.12	油品、非油和加油卡的推销宣传	60	1年	课堂	掌握	直线领导或培训师	
1.13	乘车安全常识	30	1年	课堂	掌握	直线领导或培训师	
1.14	饮食卫生常识	30	1年	课堂	了解	直线领导或培训师	
1.15	环境保护基本常识	30	3年	课堂	掌握	直线领导或培训师	
1.16	常见伤害、疾病急救	30	3年	课堂+演练	掌握	直线领导或培训师	
1.17	事故事件报告	15	3年	课堂	掌握	直线领导或培训师	
1.18	本专业典型事故案例	不限	随时	不限	了解	直线领导或培训师	
1.19	法律法规	15	3年	课堂	掌握	直线领导或培训师	
1.20	应急管理	30	1年	课堂	了解	直线领导或培训师	
2	岗位基本操作技能						
2.1	站级系统财务操作						
2.1.1	班结操作	30	3年	课堂+现场	掌握	直线领导或培训师	
2.1.2	日结操作	30	3年	课堂+现场	掌握	直线领导或培训师	
2.1.3	收银操作(收银、管理系统相应操作)	30	3年	课堂+现场	掌握	直线领导或培训师	
2.2	便利店商品管理						
2.2.1	商品站间调拨	30	3年	课堂+现场	掌握	直线领导或培训师	
2.2.2	商品订货、收货	30	3年	课堂+现场	掌握	直线领导或培训师	
2.2.3	商品退换货	30	3年	课堂+现场	掌握	直线领导或培训师	
2.2.4	商品盘点	30	3年	课堂+现场	掌握	直线领导或培训师	

续表

序号	培训内容	培训要求					备注
		培训课时 min	培训周期	培训方式	培训效果	培训师资	
2.2.5	商品销售与促销	30	3年	课堂+现场	掌握	直线领导或培训师	
2.2.6	商品价格管理	30	3年	课堂+现场	掌握	直线领导或培训师	
2.2.7	便利店商品陈列、存货管理	15	3年	课堂+现场	掌握	直线领导或培训师	
2.3	**加油卡业务管理**						
2.3.1	加油卡更换、挂失与注销	30	3年	课堂+现场	掌握	直线领导或培训师	
2.3.2	加油卡售卡	30	3年	课堂+现场	掌握	直线领导或培训师	
2.3.3	加油卡充值—资金平台操作、优惠申请(自动、手动)	30	3年	课堂+现场	掌握	直线领导或培训师	
2.3.4	加油卡白卡管理(保管、发放、盘点)	30	3年	课堂+现场	掌握	直线领导或培训师	
2.3.5	Ukey和卡系统的密码管理	30	3年	课堂+现场	掌握	直线领导或培训师	
2.4	**数据分析**						
2.4.1	经营数据分析	30	3年	课堂+现场	掌握	直线领导或培训师	
2.4.2	卡数据分析	30	3年	课堂+现场	掌握	直线领导或培训师	
2.5	**属地设施设备管理**						
2.5.1	便利店运营设备维护(系统准备、理货、灯光、空调、冰柜及其他服务设备)	30	3年	课堂+现场	掌握	直线领导或培训师	
2.5.2	PD-3液位仪日常维护保养、操作	30	3年	课堂+现场	掌握	直线领导或培训师	
2.6	**应急处置**						
2.6.1	车辆事故应急处置	30	3年	课堂+现场	掌握	直线领导或培训师	
2.6.2	火灾应急处置	30	3年	课堂+现场	掌握	直线领导或培训师	
2.6.3	社会安全突发事件应急处置	30	3年	课堂+现场	掌握	直线领导或培训师	
2.6.4	油品混油应急处置	30	3年	课堂+现场	掌握	直线领导或培训师	
2.6.5	油品泄漏应急处置	30	3年	课堂+现场	掌握	直线领导或培训师	
2.6.6	纠纷应急处置	30	3年	课堂+现场	掌握	直线领导或培训师	
2.6.7	自然灾害突发事件应急处置	30	3年	课堂+现场	掌握	直线领导或培训师	
2.6.8	跑单和加油机乱码应急处置	15	1年	课堂+演练	掌握	直线领导或培训师	
2.6.9	食物中毒应急处置	15	1年	课堂+演练	掌握	直线领导或培训师	
3	**生产受控管理流程**						
3.1	作业许可管理	30	1年	课堂+现场	掌握	直线领导或培训师	
3.2	动火作业	30	1年	课堂+现场	掌握	直线领导或培训师	
3.3	进入受限空间作业	30	1年	课堂+现场	掌握	直线领导或培训师	
3.4	临时用电作业	30	1年	课堂+现场	掌握	直线领导或培训师	

续表

序号	培训内容	培训要求					备注
		培训课时 min	培训周期	培训方式	培训效果	培训师资	
3.5	动土作业	30	1年	课堂+现场	掌握	直线领导或培训师	
3.6	管线打开作业	30	1年	课堂+现场	掌握	直线领导或培训师	
3.7	吊装作业	30	1年	课堂+现场	掌握	直线领导或培训师	
3.8	高处作业	30	1年	课堂+现场	掌握	直线领导或培训师	
3.9	上锁挂签	30	3年	课堂或会议	掌握	直线领导或培训师	
3.10	变更管理	60	3年	课堂或会议	掌握	直线领导或培训师	
3.11	承包商管理	30	3年	课堂或会议	掌握	直线领导或培训师	
4	**HSE 知识方法与工具**						
4.1	HSE 职责、权利、义务、责任	15	3年	课堂或会议	了解	直线领导或培训师	
4.2	属地管理	15	3年	课堂或会议	了解	直线领导或培训师	
4.3	行为安全观察与沟通	15	3年	课堂或会议	了解	直线领导或培训师	
4.4	目视化管理	30	3年	课堂或会议	了解	直线领导或培训师	
4.5	工作前安全分析(JSA)	15	3年	课堂或会议	掌握	直线领导或培训师	
4.6	工作循环分析(JCA)	30	3年	课堂或会议	掌握	直线领导或培训师	
4.7	启动前安全检查(PSSR)	30	3年	课堂或会议	掌握	直线领导或培训师	

附录4 加油站基层岗位(加油员岗)HSE培训矩阵

序号	培训内容	培训要求					备注
		培训课时 min	培训周期	培训方式	培训效果	培训师资	
1	**通用安全知识**						
1.1	石油安全常识	30	1年	课堂或会议	掌握	直线领导或培训师	
1.2	反违章禁令	30	1年	课堂或会议	掌握	直线领导或培训师	
1.3	安全用电常识	30	3年	课堂+现场	掌握	直线领导或培训师	
1.4	危害因素识别知识	30	1年	课堂+现场	掌握	直线领导或培训师	
1.5	安全标志标识	不限	随时	课堂+现场	掌握	直线领导或培训师	
1.6	劳动防护用品使用	30	3年	课堂+操作	掌握	直线领导或培训师	
1.7	工作外安全	30	1年	课堂或会议	掌握	直线领导或培训师	
1.8	工具用具管理	60	3年	课堂+演练	掌握	直线领导或培训师	
1.9	灭火器材使用	15	1年	课堂+演练	掌握	直线领导或培训师	
1.10	消防器材及设施安全检查与维护	15	1年	课堂+演练	掌握	直线领导或培训师	
1.11	服务与沟通技巧	60	1年	课堂或会议	掌握	直线领导或培训师	
1.12	油品、非油和加油卡的推销宣传	60	1年	课堂	掌握		
1.13	乘车安全常识	30	1年	课堂	掌握	直线领导或培训师	
1.14	饮食卫生常识	30	1年	课堂	了解	直线领导或培训师	
1.15	环境保护基本常识	30	3年	课堂	掌握	直线领导或培训师	
1.16	常见伤害、疾病急救	30	3年	课堂+演练	掌握	直线领导或培训师	
1.17	事故事件报告	15	3年	课堂	掌握	直线领导或培训师	
1.18	本专业典型事故案例	不限	随时	不限	了解	直线领导或培训师	
1.19	法律法规	15	3年	课堂	掌握	直线领导或培训师	
1.20	应急管理	30	1年	课堂	了解	直线领导或培训师	
2	**岗位基本操作技能**						
2.1	加油操作						
2.1.1	普通加油操作	30	1年	课堂+演练	掌握	直线领导或培训师	
2.1.2	自助加油操作	30	1年	课堂+演练	掌握	直线领导或培训师	
2.2	属地设施设备管理						
2.2.1	潜油泵加油机日常检查	30	1年	课堂+演练	掌握	直线领导或培训师	
2.2.3	加油现场设施设备日常检查	30	1年	课堂+演练	掌握	直线领导或培训师	

续表

序号	培训内容	培训要求					备注
		培训课时 min	培训周期	培训方式	培训效果	培训师资	
2.3	应急处置						
2.3.1	车辆事故应急处置	30	3年	课堂+现场	掌握	直线领导或培训师	
2.3.2	火灾应急处置	30	3年	课堂+现场	掌握	直线领导或培训师	
2.3.3	社会安全突发事件应急处置	30	3年	课堂+现场	掌握	直线领导或培训师	
2.3.4	油品混油应急处置	30	3年	课堂+现场	掌握	直线领导或培训师	
2.3.5	油品泄露应急处置	30	3年	课堂+现场	掌握	直线领导或培训师	
2.3.6	纠纷应急处置	30	3年	课堂+现场	掌握	直线领导或培训师	
2.3.7	自然灾害突发事件应急处置	30	3年	课堂+现场	掌握	直线领导或培训师	
2.3.8	跑单和加油机乱码应急处置	15	1年	课堂+演练	掌握	直线领导或培训师	
2.3.9	食物中毒应急处置	15	1年	课堂+演练	掌握	直线领导或培训师	
3	生产受控管理流程						
3.1	作业许可管理	30	1年	课堂+现场	掌握	直线领导或培训师	
3.2	动火作业	30	1年	课堂+现场	掌握	直线领导或培训师	
3.3	进入受限空间作业	30	1年	课堂+现场	掌握	直线领导或培训师	
3.4	临时用电作业	30	1年	课堂+现场	掌握	直线领导或培训师	
3.5	动土作业	30	1年	课堂+现场	掌握	直线领导或培训师	
3.6	管线打开作业	30	1年	课堂+现场	掌握	直线领导或培训师	
3.7	吊装作业	30	1年	课堂+现场	掌握	直线领导或培训师	
3.8	高处作业	30	1年	课堂+现场	掌握	直线领导或培训师	
3.9	上锁挂签	30	3年	课堂或会议	掌握	直线领导或培训师	
3.10	变更管理	60	3年	课堂或会议	掌握	直线领导或培训师	
3.11	承包商管理	30	3年	课堂或会议	掌握	直线领导或培训师	
4	HSE 知识方法与工具						
4.1	HSE 职责、权利、义务、责任	15	3年	课堂或会议	了解	直线领导或培训师	
4.2	属地管理	15	3年	课堂或会议	了解	直线领导或培训师	
4.3	行为安全观察与沟通	15	3年	课堂或会议	了解	直线领导或培训师	
4.4	目视化管理	30	3年	课堂或会议	了解	直线领导或培训师	
4.5	工作前安全分析（JSA）	15	3年	课堂或会议	掌握	直线领导或培训师	
4.6	工作循环分析（JCA）	30	3年	课堂或会议	掌握	直线领导或培训师	
4.7	启动前安全检查（PSSR）	30	3年	课堂或会议	掌握	直线领导或培训师	

附录5 加油站基层岗位 HSE 培训矩阵

序号	培训内容	培训要求					岗位				备注
		培训课时 min	培训周期	培训方式	培训效果	培训师资	1 经理岗	2 主管岗	3 营业员岗	4 加油员岗	
1	**通用安全知识**										
1.1	石油安全常识	30	1年	课堂或会议	掌握	直线领导或培训师	√	√	√	√	
1.2	反违章禁令	30	1年	课堂或会议	掌握	直线领导或培训师	√	√	√	√	
1.3	安全用电常识	30	3年	课堂+现场	掌握	直线领导或培训师	√	√	√	√	
1.4	危害因素识别知识	30	1年	课堂+现场	掌握	直线领导或培训师	√	√	√	√	
1.5	安全标志标识	不限	随时	课堂+现场	掌握	直线领导或培训师	√	√	√	√	
1.6	劳动防护用品使用	30	3年	课堂+操作	掌握	直线领导或培训师	√	√	√	√	
1.7	工作外安全	30	1年	课堂或会议	掌握	直线领导或培训师	√	√	√	√	
1.8	工具用具管理	60	3年	课堂+演练	掌握	直线领导或培训师	√	√	√	√	
1.9	灭火器材使用	15	1年	课堂+演练	掌握	直线领导或培训师	√	√	√	√	
1.10	消防器材及设施安全检查与维护	15	1年	课堂+演练	掌握	直线领导或培训师	√	√	√	√	
1.11	服务与沟通技巧	60	1年	课堂或会议	掌握	直线领导或培训师	√	√	√	√	
1.12	油品、非油和加油卡的推销宣传	60	1年	课堂	掌握	直线领导或培训师	√	√	√	√	
1.13	乘车安全常识	30	1年	课堂	掌握	直线领导或培训师	√	√	√	√	
1.14	饮食卫生常识	30	1年	课堂	了解	直线领导或培训师	√	√	√	√	
1.15	环境保护基本常识	30	三年	课堂	掌握	直线领导或培训师	√	√	√	√	
1.16	常见伤害、疾病急救	30	3年	课堂+演练	掌握	直线领导或培训师	√	√	√	√	
1.17	事故事件报告	15	3年	课堂	掌握	直线领导或培训师	√	√	√	√	
1.18	本专业典型事故案例	不限	随时	不限	了解	直线领导或培训师	√	√	√	√	
1.19	法律法规	15	3年	课堂	掌握	直线领导或培训师	√	√	√	√	
1.20	应急管理	30	1年	课堂	了解	直线领导或培训师	√	√	√	√	
2	**岗位基本操作技能**										
2.1	**加油操作**										
2.1.1	普通加油操作	30	1年	课堂+演练	掌握	直线领导或培训师	√			√	
2.1.2	自助加油操作	30	1年	课堂+演练	掌握	直线领导或培训师	√			√	

续表

序号	培训内容	培训要求					岗位				备注
		培训课时 min	培训周期	培训方式	培训效果	培训师资	1 经理岗	2 主管岗	3 营业员岗	4 加油员岗	
2.2	**油品数质量管理**										
2.2.1	地罐交接卸油操作	30	3年	课堂+现场	掌握	直线领导或培训师	√	√			
2.2.2	汽油"水溶出法"检验操作	30	3年	课堂+现场	掌握	直线领导或培训师	√	√			
2.2.3	油罐车滤油操作	30	3年	课堂+现场	掌握	直线领导或培训师	√	√			
2.2.4	油品计量操作	30	3年	课堂+现场	掌握	直线领导或培训师	√	√			
2.3	**配发电管理**										
2.3.1	柴油发电机操作	30	3年	课堂+现场	掌握	直线领导或培训师	√	√			
2.3.2	变配电操作	30	3年	课堂+现场	掌握	直线领导或培训师	√	√			
2.4	**站级系统财务操作**										
2.4.1	班结操作	30	3年	课堂+现场	掌握	直线领导或培训师	√		√		
2.4.2	日结操作	30	3年	课堂+现场	掌握	直线领导或培训师	√		√		
2.4.3	收银操作(收银、管理系统相应操作)	30	3年	课堂+现场	掌握	直线领导或培训师	√		√		
2.5	**便利店商品管理**										
2.5.1	商品盘点	30	3年	课堂+现场	掌握	直线领导或培训师	√		√		
2.5.2	商品销售与促销	30	3年	课堂+现场	掌握	直线领导或培训师	√		√		
2.5.3	商品价格管理	30	3年	课堂+现场	掌握	直线领导或培训师	√		√		
2.5.4	便利店商品陈列、存货管理	15	3年	课堂+现场	掌握	直线领导或培训师	√		√		
2.5.5	商品订货、收货	30	3年	课堂+现场	掌握	站经理或培训师			√		
2.5.6	商品站间调拨	30	3年	课堂+现场	掌握	直线领导或培训师			√		
2.5.7	商品退换货	30	3年	课堂+现场	掌握	直线领导或培训师			√		
2.6	**加油卡业务管理**										
2.6.1	加油卡充值—资金平台操作、优惠申请(自动、手动)	30	3年	课堂+现场	掌握	直线领导或培训师	√	√			
2.6.2	加油卡白卡管理(保管、发放、盘点)	30	3年	课堂+现场	掌握	直线领导或培训师	√	√			
2.6.3	Ukey和卡系统的密码管理	30	3年	课堂+现场	掌握	直线领导或培训师	√	√			

105

续表

序号	培训内容	培训课时 min	培训周期	培训方式	培训效果	培训师资	1 经理岗	2 主管岗	3 营业员岗	4 加油员岗	备注
2.6.4	加油卡更换、挂失与注销	30	3年	课堂+现场	掌握	直线领导或培训师			√		
2.6.5	加油卡售卡	30	3年	课堂+现场	掌握	直线领导或培训师			√		
2.7	**数据分析**										
2.7.1	经营数据分析	30	3年	课堂+现场	掌握	直线领导或培训师	√	√			
2.7.2	卡数据分析	30	3年	课堂+现场	掌握	直线领导或培训师	√	√			
2.7.3	加管系统的对账与报表	30	3年	课堂+现场	掌握	直线领导或培训师	√	√			
2.7.4	盘点数据处理	30	3年	课堂+现场	掌握	直线领导或培训师	√	√			
2.8	**现金及票据管理**										
2.8.1	发票(普通发票、开具及管理增值税发票)管理	30	3年	课堂+现场	掌握	直线领导或培训师	√	√			
2.8.2	保险柜使用及管理	30	3年	课堂+现场	掌握	直线领导或培训师	√	√			
2.8.3	营业款项的缴存及票据结算	30	3年	课堂+现场	掌握	直线领导或培训师		√			
2.9	**设施设备管理**										
2.9.1	潜油泵加油机日常检查	30	1年	课堂+演练	掌握	直线领导或培训师	√			√	
2.9.2	加油现场设施设备日常检查	30	1年	课堂+演练	掌握	直线领导或培训师	√			√	
2.9.3	便利店运营设备维护(系统准备、理货、灯光、空调、冰柜及其他服务设备)	30	3年	课堂+现场	掌握	直线领导或培训师	√	√			
2.9.4	PD-3液位仪日常维护保养、操作	30	3年	课堂+现场	掌握	直线领导或培训师	√	√			
2.9.5	柴油发电机日常检查与维护保养	30	3年	课堂+现场	掌握	直线领导或培训师	√	√			
2.9.6	变压器日常检查与维护	30	3年	课堂+现场	掌握	直线领导或培训师	√	√			
2.9.7	配电柜管理与维护	30	3年	课堂+现场	掌握	直线领导或培训师	√	√			

续表

序号	培训内容	培训课时 min	培训周期	培训方式	培训效果	培训师资	1 经理岗	2 主管岗	3 营业员岗	4 加油员岗	备注
2.9.8	油管管线及附件日常检查与维护	30	3年	课堂+现场	掌握	直线领导或培训师	√	√			
2.9.9	油气回收设备维护保养	30	3年	课堂+现场	掌握	直线领导或培训师	√	√			
2.9.10	监控设备维护保养	30	3年	课堂+现场	掌握	直线领导或培训师	√	√			
2.9.11	防雷防静电装置测试	30	1年	课堂+现场	掌握	直线领导或培训师	√	√			
2.9.12	防雷防静电装置日常检查维护	30	1年	课堂+现场	掌握	直线领导或培训师	√	√			
2.9.13	信息设备日常检查与维护	30	3年	课堂+现场	掌握	站经理或培训师		√			
2.9.14	计量器具维护保养	30	3年	课堂+现场	掌握	站经理或培训师		√			
2.9.15	清洗加油机和卸油口过滤器	30	3年	课堂+现场	掌握	直线领导或培训师	√	√			
2.9.16	排污设施维护保养	30	1年	课堂+现场	了解	直线领导或培训师	√	√			
2.10	**日常巡检**										
2.10.1	日常安全巡检	30	3年	课堂+现场	掌握	直线领导或培训师	√	√			
2.11	**应急处置**										
2.11.1	车辆事故应急处置	30	3年	课堂+现场	掌握	直线领导或培训师	√	√	√	√	
2.11.2	火灾应急处置	30	3年	课堂+现场	掌握	直线领导或培训师	√	√	√	√	
2.11.3	社会安全突发事件应急处置	30	3年	课堂+现场	掌握	直线领导或培训师	√	√	√	√	
2.11.4	油品混油应急处置	30	3年	课堂+现场	掌握	直线领导或培训师	√	√	√	√	
2.11.5	油品泄露应急处置	30	3年	课堂+现场	掌握	直线领导或培训师	√	√	√	√	
2.11.6	纠纷应急处置	30	3年	课堂+现场	掌握	直线领导或培训师	√	√	√	√	
2.11.7	自然灾害突发事件应急处置	30	3年	课堂+现场	掌握	直线领导或培训师	√	√	√	√	
2.11.8	跑单和加油机乱码应急处置	15	1年	课堂+演练	掌握	直线领导或培训师	√	√	√	√	
2.11.9	食物中毒应急处置	15	1年	课堂+演练	掌握	直线领导或培训师	√	√	√	√	

续表

序号	培训内容	培训要求					岗位				备注
		培训课时min	培训周期	培训方式	培训效果	培训师资	1 经理岗	2 主管岗	3 营业员岗	4 加油员岗	
3	生产受控管理流程										
3.1	作业许可管理	30	1年	课堂+现场	掌握	直线领导或培训师	√	√	√	√	
3.2	动火作业	30	1年	课堂+现场	掌握	直线领导或培训师	√	√	√	√	
3.3	进入受限空间作业	30	1年	课堂+现场	掌握	直线领导或培训师	√	√			
3.4	临时用电作业	30	1年	课堂+现场	掌握	直线领导或培训师	√	√			
3.5	动土作业	30	1年	课堂+现场	掌握	直线领导或培训师	√	√			
3.6	管线打开作业	30	1年	课堂+现场	掌握	直线领导或培训师	√	√			
3.7	吊装作业	30	1年	课堂+现场	掌握	直线领导或培训师	√	√			
3.8	高处作业	30	1年	课堂+现场	掌握	直线领导或培训师	√	√			
3.9	上锁挂签	30	3年	课堂或会议	掌握	直线领导或培训师	√	√	√	√	
3.10	变更管理	60	3年	课堂或会议	掌握	直线领导或培训师	√	√	√	√	
3.11	承包商管理	30	3年	课堂或会议	掌握	直线领导或培训师	√	√	√	√	
4	HSE知识方法与工具										
4.1	HSE职责、权利、义务、责任	15	3年	课堂或会议	了解	直线领导或培训师	√	√	√	√	
4.2	属地管理	15	3年	课堂或会议	了解	直线领导或培训师	√	√	√	√	
4.3	行为安全观察与沟通	15	3年	课堂或会议	了解	直线领导或培训师	√	√	√	√	
4.4	目视化管理	30	3年	课堂或会议	了解	直线领导或培训师	√	√	√	√	
4.5	工作前安全分析(JSA)	15	3年	课堂或会议	掌握	直线领导或培训师	√	√	√	√	
4.6	工作循环分析(JCA)	30	3年	课堂或会议	掌握	直线领导或培训师	√	√	√	√	
4.7	启动前安全检查(PSSR)	30	3年	课堂或会议	掌握	直线领导或培训师	√	√	√	√	